中国石化集团销售企业培训系列教材

油品储运技术

胡建华　编著

中国石化出版社

内 容 提 要

本书从石油库油品储运工技师的工作要求出发，着重介绍了石油库油罐的合理使用、石油库管道工艺、气阻和气蚀的控制、泵的泄漏与密封、阀门的使用维护和保管、石油库生产安全管理、石油库电气安全等内容，可作为油品储运工技师培训教材，也可供从事石油库储运工作胡技术人员和管理人员学习参考。

图书在版编目(CIP)数据

油品储运技术 / 胡建华编著.
—北京:中国石化出版社,2000 (2023.2 重印)
中国石化集团销售企业培训系列教材
ISBN 978-7-80043-980-3

Ⅰ.油… Ⅱ.胡… Ⅲ.石油与天然气储运-技术培训-教材 Ⅳ.TE8

中国版本图书馆 CIP 数据核字(2000)第 04114 号

中国石化出版社出版发行
地址:北京市东城区安定门外大街 58 号
邮编:100011　电话:(010)57512500
发行部电话:(010)57512575
http://www.sinopec-press.com
E-mail:press@sinopec.com
北京艾普海德印刷有限公司印刷
全国各地新华书店经销
*
787×1092 毫米 16 开本 11 印张 281 千字
2000 年 4 月第 1 版　2023 年 2 月第 12 次印刷
定价:26.00 元

前　　言

为了搞好中国石化销售企业油品储运工的职业资格培训和技术等级鉴定工作，中国石化销售公司组织编写了《油品储运技术》一书，作为油品储运工技师的培训教材。

本书共分七章，依次为油罐的合理使用及安全监测、石油库工艺管道、气阻和气蚀的控制、泵的泄漏与密封、阀门的使用与维护管理、石油库生产安全管理、石油库电气安全等，内容基本涵盖了石油库油品储运工技师应掌握的基本技能。在编写中力求构思新颖，通俗易懂，既要兼顾石油库油品储运技师和高级工的实际工作需要，使教材具备可读性；又要使教材具有一定的理论深度。本书也可作为油品储运管理人员的技术指南。

本书由胡建华编著并编纂。

参与本书策划、审订和指导的同志有王孚智、胡明月、王文川、刘世湘、吴金林、陈国方、毕港峰、竺柏康等。张仁坤同志对本书第四章、第五章的内容作了较详细的标准化校核。在本书编写、调研过程中得到了有关单位领导和专家的大力协助，在此一并致谢。

由于编者水平有限，不足之处在所难免，恳请从事油品储运工作的同行提出宝贵意见，使之日臻完善。

编　者

目　　录

第一章　油罐的合理使用及安全监测

油罐是储存石油及产品的金属薄壁容器，具有安全可靠、耐用、不易渗漏、施工方便等特点，是石油库储运系统的主要设施之一。

第一节　油罐技术参数的合理确定

油罐种类繁多，目前我国大量使用的立式油罐为拱顶油罐和浮顶油罐。拱顶油罐结构简单，施工快，适合储存各类油品，目前主要用于储存柴油和润滑油；浮顶油罐有良好的降低油品蒸发损耗的特点，但比拱顶油罐用钢量多，适用于储存原油，内浮顶油罐兼有拱顶油罐和浮顶油罐的优点，主要用于储存汽油、煤油等易挥发的轻质油品；卧式油罐能承受较大的正压和负压，但单位容积耗钢量过大，只适合储存油量不大的油品。

一、油罐技术参数的合理确定

几何尺寸主要是指油罐的直径、罐壁高度、油罐总高和油罐容量等。储罐总高与拱高（矢高）有关，拱顶曲率半径目前我国一般采用 $R=(0.8\sim1.2)D$，有的专家建议 $R=(1.2\sim1.5)D$ 以降低总高度，增加油罐稳定性。油罐容量为 $V=\frac{\pi}{4}\cdot D^2\cdot H$，即容量由直径 D 和罐壁高度 H 决定。因此，油罐几何尺寸的优化即选择最佳的油罐直径和罐壁高度的比值。

1. 最佳油罐直径 D 和罐壁高度 H

油罐直径 D 和罐壁高度 H 尺寸可以有多种组合，其中总有一种组合可使油罐建设投资费用最低或使油罐耗用的钢材最省。我国一般采用钢材耗量最省来确定油罐的基本尺寸。

假设油罐顶、罐底和罐壁是由同一厚度钢板组成，拱顶的曲率半径为 $R_{顶}=D$，则油罐耗钢量为：

$$Q=Q_{壁}+Q_{顶}+Q_{底}=\pi\cdot D\cdot H\cdot t_1+0.268\pi\cdot D^2\cdot t_2+\frac{\pi}{4}\cdot D^2\cdot t_3 \qquad (1-1)$$

式中　t_1——壁板厚度；

t_2——顶板厚度；

t_3——底板厚度。

对（1-1）式进行 Q 对 H 的一级求导，化简可得当 $H/R=2$，即 $H=2R=D$ 时，或者说油罐高度与直径相等时钢材耗量最小。经计算 4mm 钢板等壁罐理论容量可达 $970m^3$。

实际上罐壁厚度是从上到下由薄变厚，厚薄不一。对非等壁罐，经理论推导，当罐顶与罐底金属用量之和等于罐壁金属用量时，油罐的金属用量最省。其最佳高度为：

$$H=\sqrt{\frac{[\sigma]\cdot\Phi}{\rho\cdot g}}\ (t_2+t_3) \tag{1-2}$$

式中　Φ——焊缝系数，0.8～0.9；

$[\sigma]$——许用应力，kPa；

ρ——水的密度，kg/m^3。

油罐的高度取决于罐底、顶板钢板厚度与材料的许用应力。油罐的直径可由公式(1－3)求得。

$$D=\sqrt{\frac{4\cdot V}{\pi\cdot H}} \tag{1-3}$$

2．油罐最佳尺寸的发展趋势

近年来，随着我国市场经济步伐的不断加快，石油销售企业也从计划型走向市场型，对经济效益提出了更高的要求。在决定油罐的最佳尺寸时，除考虑最小的钢材耗量外，还应考虑与油罐尺寸有关的土地费用、油罐基础造价。油罐最佳尺寸应使油罐在使用期内每年总平均费用为最少。

经理论推导，考虑上述因素的油罐直径 D 与罐壁高度 H 的关系为：

$$D=4\cdot H\cdot\frac{C_1}{C_2+C_3+C_4+C_5} \tag{1-4}$$

式中　C_1——罐壁每年的费用/单位面积；

C_2——罐底每年的费用/单位面积；

C_3——罐顶每年的费用/单位面积；

C_4——油罐基础每年费用/单位面积；

C_5——油罐土地面积每年费用/单位面积。

按钢材用量最省来选择油罐的直径 D 和罐高 H，对一般地基条件来说是合适的。在实际工程中，库址选择涉及很多因素，合适的库址往往不一定地质条件良好。有时改变油罐高度，以适应较差的地质条件比加固地基更合算。基础的地质条件不好，有时可导致基础的费用为油罐造价的40%以上。

1000～2000m^3 间的油罐，经济尺寸为 $H\approx D$；而对于3000m^3 以上的大型油罐，其经济尺寸为 $H=\frac{3}{8}D$ 到 $H=\frac{3}{4}D$ 之间较为合理。

二、附件的合理选择与安装

1．油罐呼吸阀

(1) 机械呼吸阀

机械呼吸阀是保证油罐安全使用，减少油品蒸发损耗的一种重要设备。按其结构和压力控制方式可分为重力式和弹簧式二种。根据使用条件，呼吸阀又可分为普通型和全天候型两种。普通型适用温度为0～60℃，全天候型适用于－30～60℃环境。

一般固定顶油罐设计压力为正压 1.96 kPa（200mmH_2O），负压 0.49kPa（－50mmH_2O）。为油罐安全使用，油罐呼吸阀按使用压力可分为3级：

A 级　　正压 355Pa（36 mmH_2O）

　　　　负压 295Pa（－30 mmH_2O）

B 级　　正压 981Pa（100 mmH_2O）

　　　　负压 295Pa（－30 mmH_2O）

C 级　　正压 1765Pa（180 mmH_2O）

　　　　负压 295Pa（－30 mmH_2O）

过去大量使用的多为重力式机械呼吸阀。这种呼吸阀压力阀和真空阀分二个阀室。在使用中发现阀杆和阀盘极易结霜挂露，产生冻卡现象，有时也发生阀盘回位不严而使油气泄漏。

近年来新建油罐多采用全天候机械呼吸阀，如图 1－1 所示。该阀采用自重式结构，正压、负压阀盘为同轴式排列，正压气体从顶部两侧排出，负压空气从侧面下部吸入，在阀盘与阀座间采用带空气垫的软接触，气密性好，不易结霜挂露。该阀流通阻力少，超压时能有较大通气能力，低压时又十分严密。

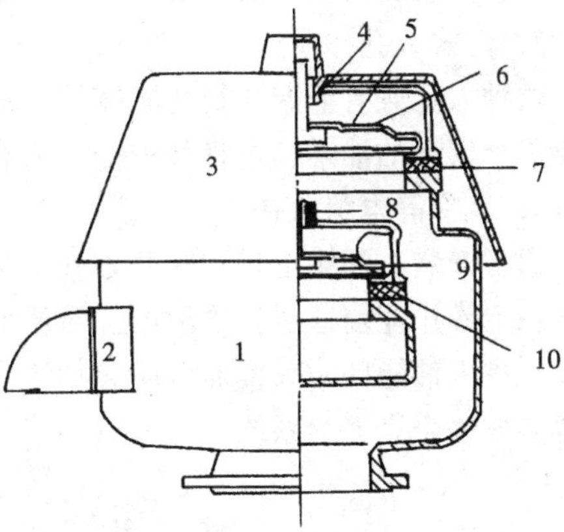

图 1－1　全天候机械呼吸阀

1—阀体；2—空气吸入口；3—阀罩；4—压力阀导架；5—压力阀阀盘；6—接地导线；7—压力阀阀座；8—真空阀导架；9—真空阀阀盘；10—真空阀阀座

该阀由阀体、阀盘、阀座、导杆、导向套和防滴罩组成。阀体材料为铸铁。缺点是体积和重量过大，在油罐顶板因腐蚀变薄时，继续使用很不安全。

有一种新型全天候呼吸阀，阀体材料为铝合金，重量为同规格铸铁材料的 1/5～1/8，阀盘、导杆、阀座采用憎水材料四氟乙烯，使用时安全可靠性更高，目前已在各地应用。

机械呼吸阀多安装在油罐顶部中央，安装数量及口径应根据油罐最大进出油量（即泵的流量）来选择。

表 1－1　机械呼吸阀选择表

油罐收发量/（m^3/h）	呼吸阀个数	呼吸阀口径/mm
<25	1	50
26～100	1	100
101～150	1	150
151～250	1	200
251～300	1	250
>300	2	300

（2）液压呼吸阀

液压呼吸阀是为提高油罐更大安全使用性能的又一保护设备。它的工作压力比机械呼吸阀高出 5%～10%。正常情况下，它是不动作的。当机械呼吸阀因阀盘锈蚀或卡住而发生故障或油罐收发作业异常出现罐内超压或真空度过大时，它将起到油罐安全密封和防止油罐损坏的作用。它与机械呼吸阀并列装在罐顶中央同一高度，内部装有 -10 号、-20 号柴油或 20 号变压器油密封液，在油罐出现正压或负压时，阀内密封液将发生升降变化，利用环形空间液面差压，保持油罐有良好的密封状态。但在使用中常出现“喷油”现象，污染罐顶；同时加油和换油也比较麻烦，新建油罐已很少使用液压呼吸阀。

2. 阻火器

金属丝网阻火器由于阻燃性能差，现已淘汰。目前推广使用的是波纹板阻火器，它与全天候呼吸阀联成一体。型号有 ZGB-1 和 FZT-1 两种。另外还有一种防爆震型阻火器，适宜安装在易燃易爆混合气管道上或油罐群装有集气系统的气体连通管道上。

3. 门式人孔

这种人孔兼有清罐清扫孔的作用，像门一样，不用取下就可以开启及关闭。大油罐及需要二个人孔的油罐，可将其中一个人孔改为门式人孔，与专用人孔配合使用。

4. 盘梯静电消散扶手

通常安装在油罐上罐扶梯开始处。加装一段 1m 左右的镀锌钢管或不锈钢管，将人体静电在上罐作业前通过扶手消散。对于储存轻质油品的油罐都应加装这种扶手。也有的石油库在进入油罐区防火堤的台阶旁加装这种扶手。消散扶手应与石油库防静电防雷电接地装置连成一个完整的系统。

第二节　油罐使用的管理要求

一、合理使用油罐

油罐建造都有设计依据。要使用好油罐，就必须了解油罐结构、特点和性能，熟悉设计要求，然后安排油罐进油投用。油罐储油应尽量装满，这样不仅有利于增加油罐储量，而且也可减少气相空间，减少油品蒸发损失。油罐装不满会使油罐容积利用率低，同时也加大了油罐小呼吸损失。油罐也不可装得过满，以防止冒罐（跑油）或损坏设备。

油罐利用率也称为油罐利用系数，为油罐的储存容量和名义容量之比。通常拱顶油罐为 0.95，浮顶油罐为 0.9，润滑油罐为 0.85，卧式油罐为 0.8～0.95。

油罐安全高度的确定要考虑以下原则：

① 油品受热，温度升高，体积膨胀时，油品不能从消防泡沫管道溢出跑油（内浮顶油罐还要考虑罐壁通气孔）；

② 油罐一旦发生火灾，油面上的空间高度应能保证（预留）有一定的滞留泡沫层的高度，以利灭火。

立式油罐安全高度计算公式为：

$$H = \frac{\rho_t}{\rho}(H_1 - H_2) \tag{1-5}$$

式中　H——立式油罐安全装油高度，cm；

H_1——油罐总高，cm；

H_2——消防泡沫需要高度，cm，查表1-2。当 H_2 小于消防泡沫口下沿A至顶板下沿距离时，用A点至顶板下沿距离代替 H_2；

ρ_t——储油期间最高油温时的油品密度，g/cm³；

ρ——罐内收油时的油品平均密度，g/cm³。

表1-2　消防泡沫厚度 H_2

油品闪点/℃	泡沫极限厚度/cm		安全厚度/cm
	化学泡沫	空气泡沫	
<28	45	30	100
28~45	30	30	
>45	18	30	

二、正确操作油罐

油罐区的操作包括：收发油作业、检尺计量和测温、油品调合、油品输转等。正确操作油罐最重要的就是必须认真遵守操作规程。

1．执行指令

油罐区作业应认真执行作业调度令或主管领导指令。操作前应对作业管道、油罐号、罐内存油量、油位高度、油温、油品密度和垫水层等情况，做到了如指掌。

2．认真核对

开关阀门或倒换流程必须认真核对，防止开错阀门。换罐时应先开后关，防止跑油、憋泵（管）事故的发生。

3．收、发油过程要掌握好流速

如装油初速不得超过1m/s（包括空罐时进出油短管浸没前的进油）。进油速度过快，易产生静电事故。浙江省某油库在80年代就曾发生过空罐进煤油时，因初速过大导致静电积聚过多，静电放电产生爆炸的事故。进油过慢，在冬季易造成粘油冻凝管道事故。而发油速度过快，在大宗发油时易使油罐发生低压失稳（吸瘪）事故。

油罐收、发油作业时，应做到在安全作业高度范围内操作。特别是在排放油罐垫水层时，做到人不离现场。

4．认真操作

罐区动态作业罐必须每1~2h检尺一次，静态罐每班检尺一次。检尺取样后，要盖严计量孔，做到油罐严密不漏。

三、精心维护油罐

任何设备都不可能一劳永逸地长期连续运转，要使油罐能长期安全地使用，平时应加强检查、做好日常保养；同时还应定期、定项目、定内容进行维护和检修，使油罐始终以完好状态运行作业。

1．油罐腐蚀是影响油罐使用寿命的主要问题

油罐使用久了，罐外壁会受雨、雪、霜、雾和潮湿空气以及大气中化学气体的侵蚀。

油气与罐顶内表面、壁板内壁接触，罐底与水杂接触都会发生电化学腐蚀或氧化腐蚀，使钢板漆膜脱落，钢板腐蚀变薄，甚至穿孔造成漏油。因此油罐表面应定期防腐刷漆，罐壁定期测厚。防腐刷漆周期原则上淋水油罐 3～4 年一次，非淋水油罐 4～6 年一次。发现油罐有腐蚀穿孔和严重泄漏现象，应及时将油料排空，清罐修补。一般渗漏可采用带压堵漏新技术进行修补。

2．油罐安全附件的定期检查与维护

油罐上装设的机械呼吸阀、阻火器、防雷电、防静电接地系统和泡沫发生器等安全设施，都应按照《石油库设备检修规程》和《石油库设备完好标准》的要求。定期检查、清洗和校验（核）。

3．油罐加热与保温

温度直接影响油品的挥发，油品储存的温度越高，蒸气压就越大，蒸发损失也越多。但在储存具有高粘度高凝点的液体时，为保持其流动性，就需要加热或保温，使其保持在便于输送的状态。

油罐外壁保温层过去多采用保温砖和石棉制品。由于热胀冷缩，再加上雨水侵蚀，负重加大，使部分保温材料从罐壁脱落，从而加大了油罐热损失，使油罐保温状态不良。近年来，保温层多采用阻燃型聚氨脂硬质泡沫塑料喷涂或镶嵌方式，保温效果好，缺点是容易老化，随着时间的推移，导热系数“λ”上升较快。还有聚乙烯硬质泡沫塑料，使用寿命可达 10 年以上。

油罐加热器由于腐蚀或水击常引起焊口裂缝而漏气，凝结水渗出混入油中会使油品变质，甚至使粘油罐加温突沸。加热器表面沉积的杂质或油垢会导致传热效率降低，油温上不去，而加大蒸汽压力和流量又会造成蒸汽浪费，能耗提高。

4．油罐应定期清洗

油罐长期使用，罐底总要积存一部分水杂和锈渣等污物，罐底积存的水、油砂、胶质、沥青质、蜡等沉积物很多，如不定期清理，将影响油品质量，减少油罐的有效容积，并降低油罐加热效率，造成能源浪费。因此油罐应定期清洗，销售公司规定油罐清洗周期为 3～5 年。

油罐清洗时一定要注意安全，清洗后的油罐应经有关部门检查验收，封罐后要及时进油。

油罐清洗，也为油罐重新标定、油罐主要附件拆卸检查、堵漏刷漆等工作创造了条件。

四、油罐基础基本要求

油罐基础质量的好坏，直接影响到座落在其上的油罐能否正常地投入生产。如果油罐地基出现过大的不均匀沉降，那么对于浮顶油罐往往会出现罐壁圆度的改变，使呈椭圆形，影响浮顶的升降；而对于固定顶油罐则可以造成罐壁的局部失稳，罐壁产生翘曲或使罐壁产生过大的局部应力集中现象，威胁油罐安全。

1．油罐基础基本要求

① 油罐基础必须高出设计地坪 0.5m 左右，沉降完成后的罐底高度不得低于设计高度，至少要便于罐底污油排空和不影响油罐与管道的连接。要注意最大地面积水不能浸没

油罐底板。

② 基础的土质要均匀，避免不均匀下沉。地耐力必须大于油罐本身加上承重、雪荷等重量。通常要求基础的承载能力如表 1-3 所示。

表 1-3 油罐地基最低承载能力

油罐容量/m^3	100	200	300	500	700	1000	2000	3000	5000	10000
油罐直径/m	5	6.5	7.5	9	10	12	15.5	18	23	30
承载能力/kPa	59	78	78	98	98	98	127.5	127.5	157	>176.6

③ 应最大限度地防止油罐基础的不均匀沉降。不均匀沉降量：拱顶油罐 $D \leqslant 22m$，任意直径方向上的许可沉降值 $\leqslant 0.015D$，当拱顶油罐 $22m \leqslant D \leqslant 40m$ 时，任意直径方向上的许可沉降值为 $\leqslant 0.01D$；浮顶罐及内浮顶罐其允许偏差值减半。不均匀沉降造成的罐体倾斜不得大于设计高度的 1%（最大不超过 9cm）。

④ 油罐基础的表面尺寸。有环梁时，每 10m 弧长内任意两点的高差不得大于 6mm，整个圆周长度内任意两点的高差不得大于 12mm；无环梁时，每 3m 弧长内任意两点的高差不得大于 12mm。

对油罐基础的要求，还有很多内容，可参照《立式圆筒形钢制焊接油罐施工及验收规范》(GBJ 128—90)。

2. 油罐基础沉降观察方法

(1) 水准点的设置

① 设置地点。距油罐区和其它新建筑物的距离不能少于 50m。水准点可以用捣制混凝土短桩，埋置于空旷场所不易遭碰撞的地方。埋置深度应超过当地冰冻线，并深入老土，总深度不能小于 1m。

② 观察点的设置。如地基土壤压缩性较小（压缩模量 $E \geqslant 9.81MPa$），可沿油罐罐壁圆周设置 4 个点，每点相隔 90°；如地基土壤压缩性较大（$E < 9.81MPa$），则应设置 8 个点，每两点相隔 45°。旧油罐观察点应设置在罐底板的外露部分，并以油漆标定；如属新建油罐，应在接近油罐基础的壁上（拟测定的位置处），焊上 60mm × 30mm × 6mm 的钢板一块，与基础成水平，以便观察时安设水平尺。

(2) 观察方法

① 投产前的试水时期观察。试水前，观察各测点的原始标高，然后向罐内注水。加水高度每次为 2.5m。开始注水 2.5m 时观察一次，然后每 1h 观察一次，共测 4 次。如已稳定，继续加水 2.5m，按上法进行观察，直至加满为止。加满后，每 1h 观察一次，共 4 次。接着每 3h 观察一次，共 2 次。最后每 6h 观察一次，直至沉降稳定为止。

加满水沉降稳定后，即分次卸水，每卸水 2.5m 观察一次。卸水过程中要作时间记录。

在装、卸水沉降观察过程中，必须将每次读数记录下来，分别绘制时间 - 沉降和压力 - 沉降曲线图，以便观察沉降的稳定性。

② 使用时期沉降观察。使用期间，前半年每月观察一次，以后每隔 2～3 月观察一次，直至沉降稳定为止。每次暴雨后都要进行观察，以了解其对油罐基础影响程度。油罐腾空后要进行观察（必须进行 3 次空罐观察），以了解地基的弹性回弹值。并结合进行罐

内底板变形的测定，求取底板中心与边缘标高差值。

(3) 观察及记录

拱顶油罐沿罐壁圆周任意 10m 周长内不均匀沉降量不应大于 25mm。支承罐壁的基础部分与其内侧的基础之间不应发生沉降突变。

基础的沉降观察应从向油罐内注水开始到油罐内充满水后持压 48h 结束。油罐内径小于或等于 15m 时，设 4 个观察点；油罐内径在 15m 至 25m 之间时，设 8 个观察点；内径大于 25m 时，设 12 个观察点。观察结果应填入基础沉降观察记录。

第三节　油罐必须具备的使用条件

一、油罐验收合格，技术资料齐全

新建油罐在投产前或者油罐经清洗检修后重新投入使用，都必须仔细检查各种验收报告，保证技术资料齐全。这类技术资料有：

① 油罐基础检查及沉降观察记录；

② 油罐焊缝质量探伤记录及报告（二种以上）。目前在石油库中常见的探伤方法有：超声波探伤、X 光射线探伤、磁粉探伤和渗透探伤；

③ 油罐强度及严密性试验报告；

④ 油罐罐体几何尺寸检查报告；

⑤ 防雷电防静电接地系统检查测试记录；

⑥ 油罐附件的检查及测试记录；

⑦ 清罐后检查、检修及验收记录。

此外，对油罐关键部位也必须有专门技术资料，如“弱顶”结构、“T”形焊缝、计量孔正下方罐底计量加强（基准）板等。

二、符合设备完好标准

油罐设计寿命一般都为 20 年。油罐在使用过程中，应按销售公司《石油库设备完好标准》和《石油库设备检修规程》进行定期检查。如罐体钢板腐蚀麻点深度、剩余钢板厚度、圈板凹凸、折皱、罐体倾斜、内浮顶油罐密封圈状况、浮盘升降、油罐附件等。

三、工艺合理，便于收发储作业的正确调度

合理的工艺流程，对合理使用油罐，组合最佳的收、发、储作业调度至关重要。

罐区工艺管道布置，轻油管道多采用双管系统，粘油管道多采用单管或独立管系统。

第四节　油罐的安全监测

一、油罐罐体强度的监测

油罐投入使用后，随着使用年限的增加，罐体锈蚀使钢板变薄，从而使罐体强度下

降，给石油库安全生产带来隐患。

1. 罐体最危险圈板的确定

油罐设计时，每个圈板厚度取值留有一定的腐蚀裕量，以保证油罐在腐蚀裕量耗尽时具有足够的强度。目前我国大多数设计部门在设计油罐时腐蚀裕量的取值为 1～1.5mm，但并非按腐蚀裕量为零时确定油罐的强度和结构。因而在油罐使用时很有必要知道油罐最危险圈板，以便进行定期检测。

所谓最危险圈板，是指罐壁中腐蚀裕量最小的壁板，当其腐蚀裕量为零时，油罐已处于强度极限临界值。

(1) 罐壁计算厚度的确定

油罐壁板的计算厚度可用下式计算：

$$t_0=\frac{\rho g(H-0.3)\cdot D}{2\cdot[\sigma]\cdot\Phi} \tag{1-6}$$

式中 H——计算圈板底边至罐壁顶部的距离，m；

D——油罐内径，m；

$[\sigma]$——设计温度下罐壁钢板的许用应力，N/mm^2；

Φ——焊缝系数，取 0.9；

ρ——储液密度，kg/m^3（油品密度小于水时取水的密度，否则取实际值）。

例：某油罐（图 1－2）公称容量为 $5000m^3$，全部采用 1600mm、Q235－A（即原 A3）钢，油品密度 $850kg/m^3$，油罐直径为 22m，各圈板实际厚度自下而上分别为 12、11、9、8、7、6、5、5、5。试确定罐壁最危险圈板。

解：由 $t_0=\dfrac{\rho g(H-0.3)D}{2[\sigma]\Phi}$

ρ 取 $1000kg/m^3$，$[\sigma]=157N/mm^2$，代入上式：

$$t_0=\frac{\rho g(H-0.3)D}{2[\sigma]\Phi}$$

$$=\frac{1000\times9.81\times(H-0.3)\times D}{2.157\times0.9}$$

$$=\frac{(H-0.3)\times22}{2.157\times0.9}$$

$$=0.778(H-0.3)$$

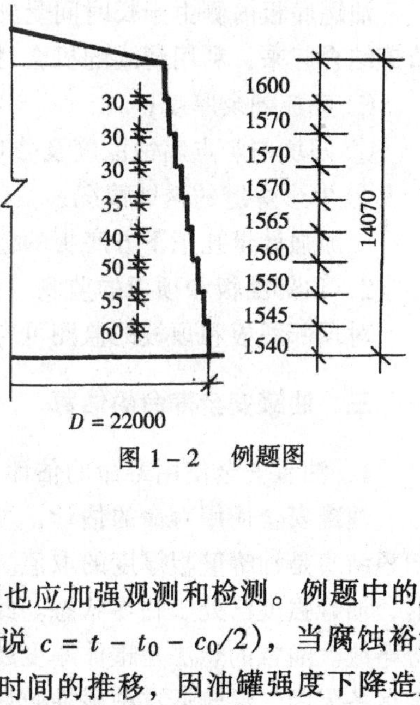

图 1－2 例题图

结合题图，把各圈板不同的 H 值代入上式，可求出各圈板的计算厚度。计算结果如表 1－4 所示。

由计算可知，最危险圈板位于第三圈板，第四圈板也应加强观测和检测。例题中的腐蚀裕量还没有考虑钢板允许负偏差 c_0 的影响（确切地说 $c=t-t_0-c_0/2$），当腐蚀裕量 0.69mm 耗尽时，油罐已处于强度极限临界状态。随着时间的推移，因油罐强度下降造成的事故隐患将越来越严重。

表 1-4　5000m³ 油罐各圈板有关数据　　单位：mm

圈　板	1（底）	2	3	4	5	6	7	8	9（顶）
计算厚度 t_0	10.71	9.51	8.31	7.11	5.89	4.68	3.45	2.23	1.01
实际厚度 t	12	11	9	8	7	6	5	5	5
腐蚀裕量 c	1.29	1.49	0.69	0.89	1.11	1.32	1.55	2.77	3.99

2．定期监测

罐壁厚度的监测，应随着油罐使用年限的增加而逐步加强。由于建罐地区地理位置的不同，油罐受腐蚀的程度有很大的区别。关于定期检测的周期我国没有专门规定，笔者认为罐壁厚度的检测应做到一年一次，当腐蚀裕量快耗尽时，应增加检测次数。

罐壁厚度的检测可主要集中在腐蚀裕量较小的几个圈板上。要充分利用清罐的机会对罐底进行厚度检测。

罐壁厚度的检测工具可采用超声波测厚仪，数字化显示，使用十分方便。我国有多家厂家生产超声波测厚仪。但使用时应采用具有防爆性能的测厚仪。

二、油罐易损部位的定期监测

金属油罐易损部位是指油罐底板、底部圈板、顶部圈板和罐壁上部气相空间圈顶板。

1．油罐底板的定期监测

油罐底板内侧由于长时间受到油污、水杂的作用，极易锈蚀穿孔。底板的监测必须与清罐结合起来，利用清罐的机会对底板进行全面的检查，特别应检查以下内容：

① 底板剩余厚度；

② 凹坑与麻点腐蚀深度及分布情况；

③ T 形焊缝的锈蚀情况；

应加强计量孔正下方底板的监测。

2．顶部圈板和顶板的监测

对顶部圈板和顶板的监测可与壁板监测同步进行。

三、油罐安全寿命的估算

1．油罐安全使用寿命的估计

油罐安全使用寿命的估计，可从罐体强度要求来估算油罐使用寿命。而罐体强度要求归根结底是油罐壁板厚度的取值。油罐经过一段时间的使用后，壁板腐蚀变薄至计算厚度时，油罐强度已处于临界状态。此后油罐继续使用将产生壁板裂缝、破损或局部吸瘪失稳等事故。通常的想法是罐体厚度越厚越好，但壁板过厚一方面易造成钢板脆性破裂（北方地区冬天因气温较低这种脆性破坏更严重），另一方面材质耗量加大，一次投入费用将大大增加。众多的工程实践表明，壁板实际厚度比计算厚度大 1.5mm 以上比较合理，即腐蚀裕量 c 值取 1.5～2.0mm。

（1）找出腐蚀量 c 值为最少的圈板

在油罐设计时，考虑到国家有关规范对钢板最薄、最厚的取值要求，同时还要考虑钢板规格系列，油罐各圈板的腐蚀裕量取值并不一致。这就需要找出油罐腐蚀裕量为最小的圈板，如本讲例题中为 $c_{min} = 0.69mm$。

（2）罐壁腐蚀速率

据有关资料介绍，油罐罐壁腐蚀速率一般在 0.005～0.2mm/a，在热带、滨海地区，加铅汽油罐的腐蚀速率可达 0.5mm/a。气相空间的腐蚀速率为 0.007mm/a 左右。影响腐蚀速率的因素很多。减少腐蚀速率，延长油罐使用寿命最有效的办法是采用合适的防腐涂料。

（3）安全使用寿命的估算

估算油罐安全使用寿命时，罐壁腐蚀速率可取 0.05～0.1mm/a。1.5mm 的腐蚀裕量，油罐的安全使用寿命为 15～30 年。本章例题中最小腐蚀裕量为 0.69mm，安全使用寿命只有 7～15 年，显然其设计是有问题的。云南省某石油库 1973 年建造了若干座 $3000m^3$ 油罐，其最小腐蚀裕量为 0.91mm，至 1983 年先后发生罐壁失稳事故。

油罐安全使用寿命的估算，应与罐壁厚度的监测密切结合起来。这样可以做到胸中有数，并进行针对性的油库管理。

第五节　油罐的检修和维护

一、油罐的检修周期和内容

1．外部检查及内容

油罐每隔二个月至少进行一次专门性的外部检查，严寒地区在冬季应不少于两次，检查内容有：

① 各密封点、焊缝及罐体有无渗漏；油罐基础及外形有无异常变形；

② 检查焊缝情况：罐体纵向、横向焊缝；进出油短管、人孔等附件与罐体的结合焊缝；顶板和包边角钢的结合焊缝；应特别注意下层圈板的纵、横焊缝及与底板结合的 T 形焊缝有无渗漏及腐蚀裂纹等。如有渗漏，应用铜刷擦光，涂以 10% 的硝酸溶液，用 8～10 倍放大镜观察，如发现裂缝（发黑色）或针眼，应及时修理；

③ 罐壁的凹陷、折皱、鼓泡处一经发现，即加以检查测量，超过规定标准应及时修理；

④ 无力矩油罐应首先检查罐顶是否起呼吸作用，然后再检查罐体其它情况；

⑤ 检查罐根进出口阀门阀体及连接部位是否完好。当发现罐体缺陷时，应用鲜明的油漆标明，以便处理。

2．油罐全面检查及内容

立式金属油罐应结合每 3～5 年的清罐进行内部全面检查。主要内容有：

① 每年对油罐基础的均匀沉降、不均匀沉降、总沉降量、锥面坡度等集中检查一次。油罐基础稳定后，一般要求 5 年内均匀下沉量每年不超过 10mm。具体要求见表 1－6 第 5 条。

每年雨季前检查一次油罐护坡有无裂缝、破损或严重下沉。

② 对底板和底层圈板逐块检查，发现腐蚀处可用铜质尖头小锤敲去腐蚀层。用深度游标卡尺或超声波测厚仪测量每块钢板，一般用测厚仪各测 3 个点。底板剩余厚度要求见表 1－6 第 3 条。底板的凹凸变形，在 $2m^2$ 面积内，高度不得超过 150mm。罐底不得长期用树脂堵塞和铅丝捻缝的方法堵漏，对发现的裂缝、砂眼等缺陷，必须限期清罐修理。

③ 罐壁的检查。在油罐定期清罐时，可用探针或超声波测厚仪检查罐壁的剩余厚度。低于表 1－10 规定值时，应予更换圈板或报废油罐。底部圈板和顶部圈板更要严格检查。局部腐蚀严重的壁板，其麻点深度不得超过表 1－6 第 3 条中的规定。否则应换新板或采取其它补强措施。使用 20 年以上的油罐，钢板腐蚀裕量基本耗尽时，要采取防护措施，如减少装油高度，减轻呼吸阀盘重量，改装重质油品，清洗后内涂弹性聚氨酯等。

壁板出现明显的倾斜时，应进行测量。各圈板偏离垂直母线的最大允许值如表 1－5 所示，超过时应修理校正。油罐壁各纵横焊缝，特别是底圈板的 T 形焊缝，应完全无渗油现象。

表 1－5　罐壁偏离垂直母线最大允许值　　单位：mm

油罐类型	自下而上各圈板允许值							
	1（底）	2	3	4	5	6	7	>8
立式拱顶油罐	15	20	25	30	35	40	45	50
浮顶或内浮顶油罐	4.5	9	13.5	18	22.5	27	31.5	36

④ 罐顶检查要求。油罐顶板焊缝应完好，无漏气现象，机械硬伤不超过 1mm，腐蚀裕量不小于原设计的 60%，否则应换新板和补强，构架和“弱顶”连接部分无开裂和脱落现象。顶板凹凸变形不应积水。

⑤ 浮盘装置检查要求。浮顶和内浮顶油罐量油导向管不垂直度应符合使用要求，垂直偏差绝对值不大于 15mm，最大值不超过 25mm。内浮顶飘浮在任何位置时都平稳不倾不转，不卡不憋。浮盘边缘堰板与油罐内壁间隔偏差不大于 40mm。同时要求浮盘无渗漏，环状密封工作良好，无破损、浸油，无翻折或脱落等现象。

地上卧式油罐每 3～5 年进行一次内部腐蚀检查，并放空油品，顶起油罐，检查罐与座之间的腐蚀情况，且应同时除锈防腐。

3．油罐大修理项目

凡属表 1－6 列出的内容均为大修理项目。

表 1－6　油罐大修理项目标志

序号	油罐大修理项目	主要标志
1	更换油罐内所有垫片	人孔、进出油短管、排污阀等垫片老化发现两处以上，紧固螺栓无效的
2	油罐表面保温及防腐涂漆	油罐表面保温层或漆层起皮脱落达 1/4 以上

续表

<table>
<tr><th>序号</th><th>油罐大修理项目</th><th>主 要 标 志</th></tr>
<tr><td>3</td><td>罐体、罐顶或罐底腐蚀严重超过允许范围需动火修理换底</td><td>① 罐体圈板纵横焊缝，尤其是T形焊缝，发现连续针眼渗油或裂纹，应立即修理，不得继续储油
② 圈板麻点深度超过下述规定值（mm）
<table>
<tr><td>钢板厚度</td><td>3</td><td>4</td><td>5</td><td>6</td><td>7</td><td>8</td><td>9</td><td>10</td></tr>
<tr><td>麻点深度</td><td>1.2</td><td>1.5</td><td>1.8</td><td>2.2</td><td>2.5</td><td>2.8</td><td>3.2</td><td>3.5</td></tr>
</table>
③钢板表面伤痕深度不大于1mm
④ 油罐底板允许最小剩余厚度（mm）
<table>
<tr><td>底板厚度</td><td>4</td><td>>4</td></tr>
<tr><td>最小剩余厚度</td><td>2.5</td><td>3.0</td></tr>
</table>
⑤底板出现面积为2m² 以上，高度超过150mm的凸隆</td></tr>
<tr><td>4</td><td>油罐圈板凹陷，鼓泡、折皱超过规定值</td><td>① 凹陷、鼓泡允许值
<table>
<tr><td>测量距离/mm</td><td>1500</td><td>3000</td><td>5000</td></tr>
<tr><td>允许偏差/mm</td><td>20</td><td>35</td><td>40</td></tr>
</table>
② 折皱允许值
<table>
<tr><td>圈板厚度/mm</td><td>4</td><td>5</td><td>6</td><td>7</td><td>8</td></tr>
<tr><td>允许折皱高度/mm</td><td>30</td><td>40</td><td>50</td><td>60</td><td>80</td></tr>
</table></td></tr>
<tr><td>5</td><td>油罐基础下沉、倾斜的修理</td><td>① 罐底板的局部凹凸变形，大于变形长度的2%或超过50mm
② 罐体倾斜度超过设计高度的1%</td></tr>
<tr><td>6</td><td>结构和部件方面损坏或有缺陷，必须进入，罐内修理</td><td>① 浮顶油罐的密封圈开裂、损坏、浮盘渗漏油或其它固定零件与罐壁摩擦
② 排污管堵塞</td></tr>
</table>

二、各种附件的检查周期和检修内容

油罐主要附件的检查周期如表1－7所示。

油罐附件检修内容如表1－8，表1－9所示。

表1－7 油罐主要附件检查周期

序号	附件名称	检 查 周 期
1	人孔及光孔	每月一次
2	量油孔	每月不小于一次

续表

序号	附件名称	检查周期
3	机械呼吸阀	每月二次，气温低于零度时每次作业前均应检查
4	液压呼吸阀	每季度一次
5	阻火器	每季度一次，冰冻季节每月一次
6	通风管	每季度一次
7	保险活门	结合清洗油罐进行
8	升降管	结合清洗油罐进行
9	放水管	每季度一次和清洗油罐时
10	进出油阀门	每年不小于一次和清洗油罐时
11	泡沫发生器	每月一次
12	加热器	每年冰冻期前检查一次，冬季每月一次

表1－8　油罐附件检修内容

序号	配件名称	检查内容	维修养护内容
1	阻火器	波纹板是否清洁畅通，有无冰冻，垫片是否严密，有无腐蚀现象。	清洁波纹板，螺栓加油保护
2	通风管	防护网是否破损	清洁防护网
3	保险活门	试验灵活性，检查填料函是否渗漏，检查钢丝绳是否完好	活动关节加油润滑，上紧并调整填料，必要时更新钢丝绳及填料
4	放水阀	试验转动灵活性，填料函处有无渗漏，检查内部放水管段完整情况	如活门不灵，卸下整理，修整填料函，冬季要放净管内积水
5	罐根阀	检查填料函有无渗漏，检查阀体内部	螺杆加油润滑，清除底部积污。发现关闭不严，及时更换
6	人孔光孔	是否渗油、漏气	
7	量油孔	盖与座间密封垫是否严密	密封垫每三年换一次，板式螺帽及压紧螺栓活动关节处加油
8	机械呼吸阀	阀盘和阀座接触面是否良好，阀杆上下灵活情况，阀壳网罩是否完好，有无冰冻，压盖衬垫是否严密	清除阀盘上灰尘、水珠，螺栓加油，必要时调换阀壳衬垫
9	液压呼吸阀	从外面检查保护网是否完好，有无雀窝，测量液面高度	清洁保护网，添注油品，每年秋末应放出油品，清洁阀壳内部，必要时更新油品
10	泡沫发生器	玻璃是否破裂，有无油气泄出，护罩是否完好	换装已损玻璃，调整密封垫，修理护罩
11	加热器	阀门有无漏气，油水分离器性能是否良好，排水有无带油现象。检查内部支架有无损坏，管道接头外部检查	清理油水分离器积污，不使用时应打开排水阀，每年冰冻期前按试验压力作水压试验

表1-9　内浮顶油罐附件检修内容

序号	配件名称	检　查　内　容	维护内容
1	带芯人孔	芯板弧度必须同罐壁一致，且边缘无尖角、毛刺，孔盖密封不漏	清理、除锈
2	浮盘人孔	盖板紧闭不漏	清理、除锈
3	量油导向管	导向部分转动灵活，间隙适宜	清理、除锈
4	自动通气阀	开关灵活，阀盖关闭时密封好	清理、除锈
5	浮盘支柱	完好无严重锈蚀	清理、除锈
6	密封装置	密封胶袋无皱折，无破损，密封良好	修理或更换
7	罐壁通气孔	金属网完好，防雨罩不漏水	更换
8	导静电装置	接触良好，对地电压为零	紧固或更换
9	自动检测报警装置	是否安全、可靠、准确	修理或更换

三、油罐检修

1．基础检修

如壁板因基础沉降过大，中间隆起过高，可在油罐外壁上距罐底40cm处焊上支撑座。支撑座之间的距离为2.5m，支撑座可用角钢或槽钢间断焊固定，四周同时抬起底板，在下面填实填平后，养生12~24h，然后缓缓放下油罐。

抬高油罐的办法，也可在油罐四周立上拨杆，用手动葫芦同时升高罐体。

直径较大的油罐，特别是基础发生“伞状”变形的油罐，可以在罐内相应的位置，用氧-乙炔切割拉开，夯填沥青或沥青砂石，修整平整，按底板修补方法重新焊好。试漏后，重新投入使用。

均匀下沉量过大，原因是基础的承载能力发生了变化。如基础为湿陷性黄土，其土壤承载力是在干燥时测定的，后来由于受到水的浸润，承载能力大大减弱或者油罐基础采用了渗透速度太小的粉砂、细砂铺筑，也会降低承载能力。第一种方法，可以采用在油罐四周筑2~2.5m防水层，然后浸润土壤进行强夯，这样可以提高土壤承载能力。另外，可采取向土壤压入水玻璃溶液与磷酸、硫酸、硫酸铝等凝结剂配成的混合剂使基础加强后稳定。对大颗粒松散砂土壤可以压注水泥浆，使油罐基础形成一个加强的圆台或圆环台。

大面积整修油罐基础时，应该将油罐移开进行修理。移走的办法因油罐大小而异，可以用辊撬拉走，用起重机械移走，甚至还可以采取水飘的办法。

2．油罐底板的修理

一般性补漏，可以在清罐符合动火要求后，用电焊或气焊进行修补。

若是大张钢板拆换或换底，必须先在油罐上开一个1.5m×2.0m的安装孔，油罐罐壁用千斤顶升起150~200cm（换单张板时可不升高罐体）。根据修旧利废原则，分割成若干条，从底部或安装孔抽出。

若更换边缘板，则应把连接“T”形焊缝上200mm割去，大于或等于6mm钢板要打好坡口。换好的底板，应按底板组装要求进行组装和焊接。

罐底边缘板上焊缝的裂纹和孔眼应割去，采用加强板的办法或更换边缘板的办法进行处理。割去的宽度为裂缝两侧各200mm，长度根据边缘长度而定，搭接焊接“T”形焊缝处，按底板组装办法加垫板，重新进行焊接。

中幅板的局部过大损伤和变形，割去全部“病板”，周边尺寸要超过损伤或变形部分周围各100mm，遇到焊缝时，要超过200mm，整平后，覆盖带有圆角的新板，新板边缘超过割去孔洞边缘40mm与幅板焊好。

3．圈板检修

换新板时应按照油罐壁板的组装和焊接要求进行修理。钢板上不长的竖向裂缝，要连同裂缝两侧各不小于500mm的钢板割下，涉及环缝处，两边各熔掉500mm焊缝，用一块压好圆弧的新钢板打好坡口，找好间隙镶上焊好。

在圈板上出现横向裂纹，不属于钢板本身质量问题，可在裂纹两端割两个小孔，消除应力集中，凿出坡口补焊。对环焊缝上的横裂纹，可熔掉重焊或用扁凿、砂轮等清除焊缝金属后重焊。

遇有“T”形焊缝上的交叉裂缝，则以交叉点为圆点，以裂纹长加500mm为半径划圆，割下这块金属，再用一块直径比这割下的圆孔大500mm、厚度与罐圈下面一块板相同的金属，压好圆弧后，从里面贴紧油罐内壁，内外都用角焊满焊。施焊时，先焊外面，后焊里面。罐壁上出现局部凹凸超过规定时，可用矫形方法修理，根据具体情况采取顶、压、拉、敲等措施。对于钢板的重皮，局部蚀穿等缺陷，可采取去除交叉裂缝的办法更换钢板。

4．罐顶检修

一般的裂纹、孔眼，可在裂纹两端割孔，清除孔眼中的夹渣，直接用电焊补焊，如顶板发生较大面积腐蚀，而且很严重，则将该处钢板割下，用一块较大的，比割孔周围大100mm的钢板，压弧后，贴上，用分段退焊，将四周焊好。如焊口重合，要宽出200mm，避开在原焊口上重焊。

遇有较大能积水的凹陷，则要整形，可在凹陷处焊个“拉鼻”，用手动葫芦将架子支在凹陷处正常顶板的压板上，将凹陷处拉出。如凹陷图形很复杂，不是一个简单的“锅口”形，可以采用换板方法，将病板割去重换新板，其变形不影响使用时，可不修理。

5．内浮盘检修

首先调平内浮盘，修理支撑柱，并调正。用修理罐底的方法修理内浮盘，用真空试漏法检查修补的焊缝。擦除自动通气孔阀杆的铁锈，检查有色金属衬套是否松动，并清除锈斑。平整堰板、泡沫挡板，垂直偏差不得大5mm。调整导向量油管的垂直度，用经纬仪或铅丝检验，并调整导向轮或导向辊的角度和距离。经过检修的内浮盘，要作清水飘浮试验，确认一切正常后，方可重新投入使用。

四、油罐的报废条件

油罐罐体三分之一以上的钢板，出现严重的点腐蚀且深度超过规定数值，应申请报废。根据圈板所处的部位，立式拱顶油罐的报废厚度，也可参照表1-10。

表 1-10　报废厚度　　单位：mm

油罐容量/m³	各层圈板的报废厚度							
	1	2	3	4	5	6	7	8
100~200	2.0	2.0	2.0	2.0				
300~400	2.0	2.0	2.0	2.0	2.0			
700	3.3	2.6	2.3	2.0	2.0	2.0		
1000	3.8	3.2	2.6	2.1	2.0	2.0		
2000	5.5	4.7	4.1	3.4	2.7	2.0	2.0	2.0
3000	7.5	6.5	5.3	4.5	3.5	2.5	2.0	2.0
5000	8.0	6.9	5.9	4.8	3.8	2.7	2.0	2.0

大修理费用超过油罐原值的50%时应考虑报废。其它因素导致油罐无法修复时也应及时报废。

第六节　油罐的腐蚀与防腐

腐蚀是影响油罐安全使用寿命的直接原因。金属油罐由于所处的环境的不同，受腐蚀的程度差别很大。油罐内外壁受腐蚀的因素很多，但主要是化学腐蚀和电化学腐蚀。

一、油罐内外壁腐蚀

1．油罐外壁腐蚀

油罐罐体外壁腐蚀一般不严重。淋水降温对油罐外壁稍有腐蚀。对于洞库和地下油库中的金属油罐，由于环境潮湿，罐顶和外壁常附着水层，如果除锈或涂料层质量不好，则油罐外壁易受电化学腐蚀，可造成铁锈成片剥落。

油罐底部腐蚀主要是杂散电流造成的电化学腐蚀。罐底板外侧在施工时一般都使用热沥青作防腐处理，但在基础地下水位较高时，地下水在毛细管作用下上升，对油罐底板产生化学和电化学腐蚀。

底板外侧的腐蚀程度要比罐壁严重，有时甚至会产生腐蚀穿孔而出现漏油现象。底板不易修理，又是容易发生腐蚀的部位，底板焊接时焊缝附近的防腐涂料又往往被烧掉，这就更增加了腐蚀的严重性。罐底除焊缝附近易遭受腐蚀外，周边也易受腐蚀。罐底四周如果没有用沥青很好封住，雨水或顺着罐壁流下来的滴水就很容易侵入罐底的周边部位，使它形成有利的腐蚀条件。大直径油罐沉陷不均时，也会因罐底土壤的充气不均而形成氧气浓差电池，造成罐底板的腐蚀。位于电气化铁路、大型电气设备附近的油罐，其底板会因杂散电流而腐蚀。

油罐顶板外腐蚀一般是由大气和雨水造成的。顶板局部凹陷将造成积水而加剧腐蚀。

2．油罐内壁腐蚀

油罐内壁腐蚀是因为油品中含有硫化物、油品氧化形成的酸性产物以及水的作用而造成的。

油罐气相空间部分的内壁腐蚀常很严重。某些轻质油料可能含有不饱和烃，造成化学腐蚀。油罐作业和静置时从罐外吸入的空气，温度低时会凝结成水滴，从油品中析出的硫化氢溶解于水滴中，再加上氧化作用，特别是空气中湿度较大或滨海地区空气中含有较多盐分，因此所造成的腐蚀现象较严重。

油罐底板内侧因长时间与含有复杂成分的氧化物油污接触，由于油品携带的水分及罐内气相空间水蒸气的凝结，使油罐底板积聚有沉积水，部分油罐本身就有水垫层，沉积水中主要是 Cl^-、SO_4^{2-} 和 Na^+ 等，对底板的腐蚀既有化学腐蚀又有电化学腐蚀，因此受腐蚀的程度比整个罐体其它任何部位都严重。清罐时在底板上常可见到明显的凹坑、麻点现象，甚至腐蚀穿孔。浙江省某油库曾发生油罐建成后不到 3 年即发生底板锈蚀穿孔，油流进入排出沟流出库外，因库外明火引燃并蔓延到库内，造成特大事故。

对于长期储存、进出油次数较少的油罐，罐底沉积水中的氧几乎得不到补充，所以随着初期腐蚀的进行，溶解氧被逐渐消耗，腐蚀速度逐渐减缓。进出油次数较多的油罐，因其液面的升降，油罐大小呼吸及油品的自然对流等提供了补充扩散氧的机会，使腐蚀持续地进行。

底板腐蚀产生凹坑、麻点，通常位于离罐壁 $D/4 \sim D/2$ 范围内。进出口短管附近底板的腐蚀现象比别处要严重。

二、油罐防腐涂料

油罐用防腐涂料应符合油罐本身所处的环境特点。露天油罐外壁涂料应具有良好的耐候性，且反光隔热性能好，以利于降低油品蒸发损耗；洞库油罐及管道设备，因所处环境湿度大，因此涂料应具有较好的耐水性；油罐内壁涂料除了应具有良好的防腐性能外，还应耐油、耐水，不影响油品质量，有较好的导静电性能，耐冲击，表面光洁，易冲洗。

1. 油罐外壁防腐涂料

(1) 红丹漆

红丹漆是一种对钢铁有很强防锈能力的防锈漆。常用作油罐的底漆，但不宜用作面漆，因它质重易沉淀和老化，产生脱落现象。红丹漆配方如表 1-11 所示。

表 1-11 红丹漆配方

名称	质量比/%	名称	质量比/%
90 度红丹粉	51	熟油（石灰漂白的亚麻仁油）	18
滑石粉	10		
硬脂酸液	17	干燥剂或松节油	4

红丹漆一般涂刷 2~4 道，要求漆膜光滑，明亮，无刷痕、流痕现象，在 20℃左右的温度下干燥后，可用浸入 5%的食盐水中的方法检查质量，要求浸入两天，无鼓泡发生才算合格。红丹漆中红丹粉（Pb_3O_4）的含量越高越好，若没有时，也可用红土粉（铁丹或氧化铁）代替。红丹漆不能用于铝金属，因为红丹和铝能起化学反应，发生铝和铅的置换作用，不仅不能使铝防锈，反而会促进铝的腐蚀。

(2) 银粉漆

银粉漆常用于露天及室内油罐的面漆，同红丹漆配套使用，有时也用于空气干燥的地下坑道。它具有良好的金属光泽和防锈性能，能反射阳光，减轻油罐的吸热程度，同时也有利于采光。银粉漆是由纯度达99%的净铝辗磨而成的铝粉、清漆和松香水按17:70:30的质量百分比调合而成。银粉漆如果调合储存过久，可能会失去金属光泽，因此一般应随用随调。银粉漆一般涂2~4道，如果施工质量可靠一般可达6年的有效期。

（3）调合漆

调合漆是普通油漆，有良好的防锈性能，可根据需要调和成各种颜色，常用于露天及地上室内油罐的面漆。轻油罐采用白色，润滑油罐采用深色。为了隐蔽的需要可采用各种保护色。调合漆有现成的，也可自行调配。其配方如表1-12所示。

表1-12　调合漆配方

名　　称	质量比/%	名　　称	重量比/%
厚漆（颜色自定）	61~66.4	催干剂	1~1.4
熟油	29	稀释剂（松节油或松香水）	3

（4）沥青漆

沥青漆又名“水罗松”，具有良好的耐水性、耐酸性和防锈性能，适用于空气潮湿的油罐作为面漆。洞库、地下坑道、管沟内设备外表面经常有水气存在，一般油漆在这种条件下很容易鼓泡脱落，可用沥青漆。而沥青漆的漆膜易风化破裂，故不宜用作地面油罐的涂料。

沥青漆可以用现成的，也可以自行配制，其配方如表1-13所示。

表1-13　沥青漆配方

形　　式	名　　称	质量比/%
Ⅰ	4号沥青漆	40
	水柏油	10
	煤油	50
Ⅱ	4号沥青漆	50
	煤油	50

沥青漆也可用煤焦油沥青配制。它的防水性比石油沥青好，但漆膜缺乏光泽，且脆性较大。沥青漆可同红丹漆配套使用，先涂1~2道红丹漆作为底漆，再涂不少于2道沥青漆作为面漆。沥青漆配制时先将已知重量的沥青放在锅里熔化，如用水柏油时可一同加进去，加热温度不超过200℃为宜，以防烧焦，然后倒入别的容器，等温度降100℃左右时按比例掺入煤油。搅拌均匀即可。在配制时要注意防毒，尽量避免吸入沥青蒸汽和粉末，沥青漆涂刷时应注意温度，第二道应在第一道稍干后进行。

2．油罐内壁防腐涂料

油罐内壁涂漆，具有明显的防腐作用，可以大大延长油罐的使用寿命，漆膜还能缓解渗漏。但油罐内涂，会影响油品静电的消散，使油品在储运过程中的危险性增加。近年来已有导静电耐油防腐涂料面世，不但消散静电快，还有阴极保护作用，防腐能力较强，能耐溶剂腐蚀，漆料可渗进焊缝孔穴，也比较稳定。

(1) 环氧树脂

环氧树脂具有良好的耐水性，耐酸碱性，耐油性和耐溶剂性，收缩率低，与钢表面附着性能好，漆膜弹性和硬性良好，广泛应用于油罐内壁防腐。环氧树脂可根据不同颜料调成不同颜色。环氧树脂白磁漆配方如表 1–14 所示。

表 1–14　环氧树脂漆配方

名　称	质量比/%	名　称	质量比/%
601 号环氧树脂	27.8	三聚氰胺甲醛树脂（50%）	1.8
滑石粉	4.6	乙二胺乙醇溶液（50%）	3.4~4
钛白粉	34	溶剂（甲苯:正丁醇为 4:1）	27.8

其中，乙二胺乙醇溶液为固化液，按 1:1 比例配制。配制时，将乙二胺加入无水乙醇中，必要时可以在 60℃左右水溶液中至完全溶解为止。配好的漆浆应和固化剂分别保存于密闭容器中，使用时再按比例混合，搅拌均匀，用多少，配多少，环氧树脂一般应涂刷 2~3 层，可用红丹或铁红环氧底漆为底漆，对钢板的表面处理要求与其它油漆相同。施工时，罐壁应干燥，罐内相对湿度应在 80%以下。

环氧树脂磁漆导静电性能很差，用于油罐内壁防腐时应注意这个问题。

(2) 聚氨酯

聚氨酯涂料有很好的柔性、硬度、光泽、附着力、耐磨性、抗水性、抗油性和电绝缘性，涂膜表面很光滑。用它作为轻油罐车的内壁涂料，有良好的物理机械性能，又不易老化，装油多年后对油料进行分析证明它对油质无影响。由于它粘污能力很小，表面又很光滑，清洗方便，可用作油罐内壁涂料。

聚氨酯涂料是常温干燥型含有氨基键的聚合物。这些聚合物是由多异氰酸酯和带羟基的化合物或聚合物相互作用而得。如已二异氰酯、甲苯二异氯氰酸酯、萘二异氰酸酯等和二元醇、三元醇、蓖麻油、带羟基聚醚、带羟基聚酯、环氧树脂等相互作用。多异氰酸酯组分中的烃基的变化及含羟基组分的变化都将影响到聚氨酯涂料的性能。

用作油罐涂料的是环氧聚酯型单组分聚氨酯树脂涂料，每吨 7109 涂料的配方如表 1–15。涂料如果加入 15%~20%的钛白粉作颜料，就可配制成奶白色漆，一般用来作面漆。如果加入 30%~35%的氧化铁红为颜料，就可配制成铁红色底漆。聚氨酯涂料一般分成面漆和底漆使用。

表 1–15　7109 涂料配方

名　称	质量比/%	名　称	质量比/%
甲苯二异氰酸脂（2，4 体）	19.7	604 环氧树脂	8.8
己二酸	9.5	环己酮	27.6
三羟甲基丙烷	4.4	二甲苯	23
一缩乙二醇	7		

(3) 弹性聚氨酯

弹性聚氨酯涂料具有很好的耐酸性、耐碱性、耐水性、耐候性、耐汽油性，与钢体和多物面的附着力强，抗裂防渗性好。当涂层厚度达0.52mm，内装汽油的油罐，加压至动态裂缝宽度达2.5mm，油压为245.2kPa时，恒压14h，涂层不断裂，油品不渗漏。并且涂膜有较高弹性，相对伸缩率500%左右，扯断强度在19.613MPa以上，能够承受罐底上下起伏变形破坏，广泛应用于钢罐内壁防腐和不动火修补。

弹性聚氨酯涂料配方见表1－16和表1－17，底层要涂刷两遍。为使底层和面层结合紧密，再涂刷一道过渡层，过渡层涂料是底层和面层涂料各半调制而成。面层一般涂刷3～4道，面层涂料由“7351”和MOCA溶液按计算量混合均匀，即可使用，不必加入乙酸乙酯。

表1－16　底层涂料配方

材料名称		聚醚预聚物	601环氧铁红浆	乙酸乙酯
质量比/%	底层第一道漆	34	15	14
	底层第二道漆	35	54	11

表1－17　过渡层涂料配方

组别	甲组		乙组	
材料名称	聚醚预聚物	601环氧铁红浆	7351弹性聚氨酯	MOCA溶液
质量比/%	40	60	76	24
备注	甲组与乙组比为1:1			

弹性聚氨酯油漆，除锈要求低，只需除掉钢板浮锈即可。弹性聚氨酯的施工质量，主要是由配料、涂刷和施工环境所决定的。施工可在温度10℃以上，相对湿度90%以下环境中正常进行，但必须保持清洁，严防沙粒、灰尘、雨水等杂物落到涂层上。涂料的质量要求严格，且涂层要完整、致密、均匀。底层要求溶进蚀坑和焊缝。过渡层要求覆盖均匀。表面层分几道涂刷而成，是涂层质量关键，每道都应力求均匀、完整、致密、不带入杂物。

涂层厚度一般罐壁层平均不小于0.35mm，罐底层平均不小于0.4mm。

(4) 玻璃鳞片增强复合防腐涂料

它是由粒径为100～200μm和厚度为2～4μm，耐腐蚀性极强的中碱玻璃薄片分别与环氧聚脂、乙烯基脂等树脂混合配制而成，在常温下即可固化。涂层中的扁平状鳞片平行地铺贴和排列于金属钢板基体上，在腐蚀介质和金属基体间构成防腐屏障，有效地起到防腐作用。该涂料成膜后表面层光滑，手感细密，整体性好，有很强的抗腐蚀能力。涂层固化后，不会出现因残余应力引起的表面裂纹和包裂、剥离现象；耐候性好，施工速度快，工期短；不需溶剂，一次涂刷即可形成厚膜，涂层局部修补效率可达99%。

在该涂料中加入MnW等抗静电剂，可以使涂料具有较好的静电消散作用。它适用于各类油罐，污水处理罐的内壁防腐，缺点是除锈要求较高，采用喷射或抛射除锈（Sa），应达到Sa2～Sa2.5级。

此外，近年来国内的防静电涂料发展很快，典型的有GM－1型（环氧树脂为成膜物质）、821型（大漆为成膜物质）、1900型（聚氨脂为成膜物质）。这些涂料既有良好的防腐性能，又具有明显的静电消散功能。目前在石油库得到越来越广泛的应用。

油罐防腐今后的发展趋势：外壁防腐与防止辐射热结合起来，即有防腐又有降温、阻燃和降低热辐射的作用；内壁防腐进一步改进阻燃导电新涂料的性能；牺牲阳极保护防止油罐腐蚀的办法会得到重视和推广。

3．罐底外壁的防腐涂料

罐底的外部常用红丹漆作为底漆，然后再涂热沥青或沥青漆。这种做法的优点是比较简便，沥青漆有良好的耐水防腐性能。底板外壁是先做好防腐层，然后再安装焊接，结果焊缝周围的防腐层在焊接时被烧掉。焊缝处材质不均一，又无防腐层，极易遭到土壤的电化学腐蚀。为了解决这一问题，近年来试验采用环氧富锌漆代替红丹漆作为罐底防腐层的底漆，效果比较好。

环氧富锌涂料是以环氧树脂为基础的高浓度锌粉涂料。它具有良好的附着力、强度和抗冲击性能，对水、热、光的作用有较强的抵抗能力，性质稳定，这种涂料最大的优点是对钢材能起到阴极保护作用，可焊性好。这一特点是一般涂料没有的。因此它特别适合用作罐底外壁的底漆涂料。

环氧富锌漆是灰色涂料。用作底漆时锌粉占漆膜重量的80%～90%。涂膜受周围介质的化学和电化学作用过程中，由于锌是比铁具有更负电位的金属，锌和铁接触时锌是阳极，铁是阴极，在腐蚀电池的作用下受腐蚀的是锌而不是铁。析出的锌离子与介质生成的腐蚀产物（锌盐）又能牢固地覆盖在涂层表面，且比金属锌有更大的稳定性，起到保护底层金属的作用，因此这种涂料具有良好的屏蔽效果和阴极保护作用。如果涂层由于某种原因（如碰撞、烧焊）而破坏时，在电化学作用的过程中，会在破坏处生成一层锌块保护层，因此它具有自动防腐作用。实际应用的环氧富锌漆的配方见表1－18。

配方组成中，锌粉是主要原料，它对漆膜质量影响大，锌粉的纯度要求大于94%。环氧树脂是胶结剂，常采用601号低相对分子质量树脂。加入适量的氧化锌可改善涂料的分散性和稳定性，避免在使用过程中产生沉淀现象，但氧化锌过多将降低涂料的电化学保护性能。聚酰胺树脂用作硬化剂性能很好，但价格较高。采用丙酮－乙二胺（1:1）作为硬化剂时，它会增加漆膜的硬脆性，为了克服此缺点，加入聚酯树脂作为增塑剂，并加苯乙稀单体作为催干剂。配方中的甲苯－乙醇是起溶剂作用。

表1－18　环氧富锌漆配方　　单位：%

涂料种类 \ 原材料	底漆		面漆	
	用聚酰胺作硬化剂	用乙二胺作硬化剂	用聚酰胺作硬化剂	用乙二胺作硬化剂
环氧树脂	8	8	21	23
甲苯:乙醇（1:1）	16	16	21	22
锌粉	68	69	45	45
氧化锌	4	4	2.5	3
聚酰胺树脂	4	—	10.5	—
丙酮－乙二胺	—	1	—	2.6
聚酯树脂		1		2.2
苯乙烯		1		2.2

环氧富锌漆常用来作为底漆，很少用作面漆。不仅可用作罐底板外壁的底漆，也可作为油罐其它部位的底漆涂料。因为它具有自动防腐作用，有利于解决烧焊破坏涂层引起腐蚀的特殊问题，所以它特别适合作为罐底板外壁的底漆。

环氧富锌漆的价格和一般油漆涂料差不多。它比红丹漆的使用年限长，而且施工方便，干燥快，触干时间仅数分钟，24h后即能初步固化，固化后可以在其上涂刷任何类型的面漆均有较好的粘结力。

第七节　油罐清洗作业

一、油罐清洗基本要求

油罐在储油过程中，随着时间的推移，油罐底部积聚了大量的杂质和水分，罐内壁也附上许多油污垢。这些杂质和水分会使油品的质量降低，并影响油品计算的精确度，加速油罐腐蚀，严重时会引起底板穿孔，造成漏油事故。同时，在油品输转过程中，由于杂质和水分较多，容易产生静电并积聚，造成静电事故。因此，油罐必须进行清洗，以保证油品质量，延长油罐使用期限，避免事故的发生。在下列情况下必须进行油罐清洗：一是新建成和改建油罐，在装油以前必须清除罐内污物；二是油罐换装不同油品，罐内残存油品对新装入油品不宜相混时；三是油罐发生渗漏或者有其它损坏需要进行检查或动火修理时；四是油罐储油到一定期限（轻油，重柴油，润滑油油罐不得超过3~5年），如发现油罐底部含水，杂质多，影响油品质量时，随时进行清洗。

由于油罐清洗的目的不同，清洗后的油罐应达到的要求也就不同。用于储存高级润滑油和性质要求相差较大油罐的重复使用，要求达到无明显铁锈、杂质、水分、油垢，用洁布擦拭时，应不呈现显著的脏污油泥和铁锈痕迹。新建或改建的油罐，只要除去罐内的浮锈和污杂即可。定期清洗的油罐，不改储其它油品时，应清除罐底、罐壁及其附件表面沉渣油垢，达到无明显油渣及油污垢。属于检修及内防腐需要清洗的油罐，应将油污、锈蚀积垢彻底清除干净，用洁布擦拭无脏污油泥、铁锈痕迹且应露出金属本色。对于改储其它油品的油罐清洗，应按有关规定进行。

二、油罐清洗方法

1．准备工作

油罐清洗作业必须做好准备工作。准备工作主要包括油罐清洗计划、人员组织、安全教育、仪器检查这几项内容。

石油库应根据操作规程和实际情况制定油罐清洗年度计划，与收发油其它作业相协调。尽量按排在初夏或初秋进行。在清洗前，要对油罐进行计量，估计该油罐的残存油量，积水量和污泥量，估计油罐清洗水总量，使污水处理系统做好准备工作。

油罐清洗作业必须有专门的清洗作业队。作业队一般由司泵员、机修工、装卸工、消防队员、计量员、化验员和医务人员等组成，分成现场作业组、输油输水组、调合设备操作组、检测联络组、安全救护组和后勤组，由库领导专门负责，把任务落实到各组及个人，使每人都了解油罐清洗方案。同时要对作业人员进行安全教育，了解防火防爆，防静电，防毒及防工伤各项规定，加强组织纪律，对清洗工作有足够的重视。清洗作业前应准备好必要的器材，并对主要设备作检查，如防毒面具必须进行防毒试验，合格的方可使用。

2. 排出底油

通过计量，确定罐内油品的数量，按正常的输转流程将罐内剩油放尽，直到液位低于进出油管管口为止。油罐底油可用两种方法排出。

(1) 垫水法

垫水法就是利用油与水的不相溶性，向罐底注入一定量的水，以抬高油品液位，便于输出。垫水前，应精确测量存油（水）的高度，以便确定垫水高度及水泵的运行时间。垫水时应选择其适宜的开孔处（如量油孔），以带静电导出线的胶管伸于油罐底部，向罐底低速供水。对于洞库或覆土隐蔽罐还应以石棉被封好该孔盖。垫水时流速不宜太大，一般初始流速应控制在1m/s左右，待油水界面形成后经过计量，使其界面处于进油管道上沿0.5~1cm为宜。垫水结束后，从罐内抽出该进水胶管，用输油管道或临时敷设的胶管将垫起的底油放至缓冲罐或油水分离池内。此时应严防冒顶，同时还应计量检查底油是否完全排完，否则应继续垫水，直至确认罐内底油排空为止。

(2) 机械抽吸

机械抽吸就是利用泵和管道，直接从罐内抽吸底油。

抽吸底油前，应打开人孔，卸下进出油管道阀门，切断与其它输油管道或油罐的通路，并将背向油罐的一端用盲板封死，将胶管由进出油管道的另一端插往罐底。对于洞库或覆土隐蔽库的油罐还应以石棉被封住该管口。用手摇泵或真空泵，配套隔爆型电机，置于孔口3m外，抽吸底油，并放至缓冲罐或油水分离池内。通过计量，确认底油排空完毕为止。有排污孔的油罐，可通过排污阀自流排油，直至油不再排出时，再用泵抽吸底油。

底油排空后，宜采用泵将罐底存水抽吸至污水池内。如果底部污泥较多，可先用水稀释后再进行。罐内如有升降管，应把它放置最低点，并排出管内油品。桁架罐和浮顶罐应注意检查柱中是否存有油品。

3. 排除油蒸气

排除油蒸气是清罐作业的重要环节。工作前必须制定好具体方案和作业程序，并检查是否按要求排出底油和水，切断油罐的所有管道系统，断开油罐的阴极保护系统。为提高油气的扩散效果，应尽可能地使油气向高空排放。作业过程中，应始终进行机械或良好的自然通风。排除油蒸气主要有以下3种方法。

(1) 通风驱除油气

通风有自然通风和机械通风。对于空气流通较好的地面油罐，可采用10天以上的自然通风，经检测油蒸气浓度低于爆炸极限规定值时，方可进罐作业。但需动火时，则必须进行机械通风。不具备自然通风条件的油罐，如地下或隐蔽油罐，或者为了缩短清罐时间，可采用机械通风。机械通风排出油气时，通风量应大于残油散发量。可用式（1-7）、（1-8）作估算。

$$G=(0.717+0.547)u\cdot p_b\cdot F\cdot\sqrt{M} \qquad (1-7)$$

$$Q=(1.5\sim2)\frac{1000G}{c_m} \qquad (1-8)$$

式中 G——油气散发量，g/h；

p_b——饱和蒸气压，Pa；

u——罐内风速，m/s；

F——残油敞露面积，m^2；

c_m——油气最高允许浓度，mg/m^3；

Q——通风量，m^3/h；

M——油品相对分子质量。

机械通风前，应打开罐顶的光孔、量油孔，卸下呼吸阀。对于洞库或覆土隐蔽库油罐尚应以风筒由油罐光孔等处连接后通向洞外或覆土外。以防油气在洞室或巷道内滞留漫延，其它孔则应关闭。然后打开油罐下部人孔，以风筒连接风机与下部人孔，经检查无误后，方可启动风机，进行机械强制通风。通风应间歇进行，即每通风 4h，间隔 1h。每小时的通风量宜大于油罐容积的 10 倍以上，直至油气浓度降低到规定值。通风驱除油气对单人孔的卧罐和内浮顶油罐应特别注意，因单人孔卧罐和内浮顶罐和内浮顶罐的油气散发缓慢，必须增加通风时间。

(2) 充水驱除油气

充水驱除油气一般适用于容积较小的油罐，并有配套的含油污水处理装置。充水前，卸下进出油管线阀门，靠近油罐一端连接充水管道，其间应设置阀门以控制充水流量，输油管线一端以盲板盲死。切断或关闭胀油管阀门，在罐顶适宜的开孔处安装好排水胶管接头。排水管线的口径应大于进水管道的口径。检查无误后，方可启动水泵缓慢充水，初始速度应控制在 1m/s，待水面超过入口高度时，逐渐加大流量。当罐内水量达到 3/4 油罐容量时，应逐渐减少流量，待水面逐渐接近罐身上沿时，应暂停充水浸泡 24h 并可启动风机排除油气。然后再启动水泵继续向罐内缓慢充水直到充满，使水和油气从排水管线流至排污池。经过一定时间后，停止充水，改为排污管道将污水排至污水池。当污水排放到最低液位时，可卸下充水管道，用泵抽吸罐底的残水，排到污水池。

充水驱除油气是一项比较繁重的工作。充水时，洞库油罐或覆土油罐应接好油气排除管道，防止油气进入洞室或巷道，并保证罐内气体空间的压力不超过 1.96kPa，以防油罐变形。排水时，对于洞库油罐或覆土油罐，应向罐内补充新鲜空气，空气中不应含过浓的油蒸气，并控制排水速度不可过大，使其罐内的气体空间负压不超过 0.49kPa，以防油罐抽瘪。油罐内排放的污水量较大，必须进行污水处理，达到国家排放标准后方可排放。

(3) 蒸汽驱除油气

有蒸汽供给系统的石油库，可采用低压蒸汽驱除油气。蒸汽压力不宜过高，一般应控制在 0.25MPa 左右。蒸汽管道的管径和蒸刷时间见表 1－19 所示。

表 1－19　油罐蒸刷时间

油罐容积/m^3	管径/mm	蒸刷时间/h
<1000	50	15
1000～3000	75	20
3000～5000	75	24
>5000	75	48

用蒸汽驱除油气，首先向罐内放入少量的水，将蒸汽管道进行良好的接地。蒸汽管一般做成十字形接管，管上均匀钻小孔。用竹或木杆自人孔处将蒸汽管伸入油罐底板的1/4处，同时打开光孔等使油罐有足够大的蒸汽排放通道，在罐外固定好蒸汽管道。然后缓慢通入蒸汽，当罐内温度升到65～70℃时，维持到要求时间。用蒸汽吹扫过的油罐，要注意油罐冷却时产生的真空，防止油罐吸瘪。

4．气体浓度检测

油气驱除过程中，作业人员进罐作业前及作业过程中都要进行油气浓度检测。检测的范围应包括罐内、洞室或巷道作业场所及附近35m范围内可能存留油品蒸气处。测试仪器必须采用两台以上相同型号规格的防爆型可燃气体测试仪，并应由经过专门训练的人员进行操作。可燃气体测试仪，必须在计量部门的有效检定期之内，方可使用。若两台仪器数据相差较大时，应重新调整测试。如需动火作业时，尚应增加一台防爆型可燃气体测爆仪。

气体检测应沿油罐圆周方向进行，注意选择易于聚集油气的低洼部位和死角，对于内浮油罐还应测试浮盘上方的油气浓度。每次通风前即使是间歇通风后再通风以及作业人员入罐前都应认真进行油气浓度的测试，并应做好详细记录。作业期间，应定时进行油气浓度的测试，正常作业中，每8h内不少于2次，以确保油气浓度在规定范围之内。若用于动火分析的油气浓度的测试，应用可燃气体测试仪和测爆仪同时测定，并于动火前30min之内进行。如动火作业时间较长，在动火过程中，必须进行复测，以防动火作业时，油气浓度回升超过规定值。

检测的油气浓度值，必须低于防火、防爆和防毒的安全规定值。

5．入罐作业

入罐作业的目的是清除钢板表面的油污和铁锈。入罐作业前必须做好各种准备工作。一是在入罐作业前30min再进行一次油气浓度检测，确认油气浓度符合规定的允许值；二是配置好照明器具。油罐清洗作业必须采用防爆型照明设备，其供电电压不超过12V，最低悬挂高度一般不应小于2.5m。轻油罐清洗作业时，一般应采用防爆手电筒作局部照明。对于洞库或覆土隐蔽油罐，其作业面上的照度不宜小于50lx；三是设置好通讯器材，清洗作业应加强联系，特别是对于洞库及覆土隐蔽库的油罐清洗作业，宜采用防爆型有线或无线的通讯设备，以尽可能代替喊话和手势。作业人员腰部一般应系有救生信号绳索，以备抢救时用；四是必须配备齐防毒器具。在安全监护人员进入作业岗位后，作业人员方可进罐作业。入罐作业人员必须有“进罐安全作业票”。

清除污油的通常做法是：先用特制的铜（铲）或者钉有硬橡胶的木耙子清除罐底和罐壁的污油及铁锈，再用特制的加盖铝桶盛装污杂，并用适宜的方法人工挑运或以手推车搬运出罐外，覆土罐可使用手动卷场机吊运污杂。然后以白灰或锯末撒入罐底后，用铜铲或竹扫帚进行清扫。对于罐壁严重锈蚀的油罐，当油气浓度降到爆炸下限的20%以下时，可用高压水进行冲刷，油罐用高压水冲洗时，应控制水喷射速度不宜过高。在喷射间歇，应作油气浓度测试，以免油气浓度超过规定值时，给冲刷作业带来危险。如油罐要进行无损探伤或做内防腐时，应用铜刷进一步清除铁锈和积垢，用金属洗涤剂清洗，并用棉质拖布擦试干净。金属洗涤剂一般可选用非离子型表面活性清洗剂，除油去污性能强，又有防锈作用。

对于单人孔卧罐，如油气不易排除，可采用机械清洗法，如自动洗罐器。它能高效、高质量地完成清罐作业。

油罐污杂在清除作业期间，应采用淋水措施使其保持湿润状态，以防自燃。污杂运出罐外，应作适当的处理，以防污染家田和水系等，处理方法可采用晾晒法，也可在控制条件下烧掉。

6．验收

油罐清洗完毕后，应对清罐质量进行验收，作好验收报告存于设备档案中，验收合格后的油罐在有监督的条件下，立即封闭人孔和光孔等，连接好有关管道，恢复油罐原来的系统。

油罐在清洗作业后，宜对油罐进行维修养护，对罐体及附件进行形态和腐蚀情况检查。如腐蚀严重部位和使用10年以上的油罐还应进行测厚检查，有条件的石油库宜对油罐底板及进出油管以下的底板进行内壁防腐处理。如油罐已到容积标定时间，应对油罐进行容积复测，特别是油罐底部容积。

第八节　油罐事故的预防与处理

油罐常见的事故多为溢油、浮顶沉盘、吸瘪和渗漏。

一、溢油

溢油属于责任事故，其主要原因是计量失误或油泵工作（输转）时间过长，油罐内油品超过安全储量，油品从泡沫发生器、呼吸阀等处溢出，内浮顶油罐可从罐壁通气孔溢出，当浮顶进入上止点后，油泵继续输转将导致沉顶事故。江苏省某炼化厂因司泵等有关人员严重失职，油泵输转时间过长，使油品从油罐呼吸阀处溢出，油气在油罐区附近蔓延。油罐区外的明火引爆油气造成火灾，发生特大事故。

防止溢油事故的发生，要加强操作人员的工作责任心教育，严格遵守岗位操作规程。一旦发现溢油事故，应立即停止油泵输转作业，检查油罐区水封井、阀门是否可靠关闭，事故现场不得有任何产生火花的操作。

记住：在所有上述动作之前（同时），千万别忘了打报警电话。

二、内浮顶油罐沉盘事故

内浮顶油罐在各级成品油库应用十分广泛，它可减少轻质油品损耗，增加油品储油安全性和保护环境等方面起到了明显的作用。但内浮盘沉盘是该类油罐的主要事故，且发生事故后的复原处理十分困难，因此应引起足够的重视。

1．发生内浮顶油罐沉盘事故的原因

（1）浮盘变形

浮盘在长期频繁运行过程中，要受到油品腐蚀、油品温度变化、罐体的变形、浮盘附件是否完好等因素的影响，使浮盘逐渐变形，出现表面凹凸不平。变形后浮盘在运行中，由于各处受到的浮力不同，以致出现浮盘倾斜，浮盘量油导向管滑轮卡住，浮盘运动倾斜逐渐增大。当浮盘所受浮力不能克服其上升阻力时，最后导致油品从密封圈及自动呼吸阀孔跑漏到浮盘上而沉盘。当浮盘密封圈局部脱落或压破后，在上述情况下，油品进入浮盘上的可能性增大，更易造成沉盘。

浮盘施工质量差也是沉盘的主要原因之一。如罐体直径、垂直度、表面凹凸度不合要求、浮盘变形与歪斜、导向柱有间隙、罐周密封不好等，易使油气、油液上升，形成“泛液”，使浮盘沉没。

(2) 浮盘支柱松落失去支承作用

内浮顶油罐浮盘上支柱均匀分布在浮盘底部。当浮盘在上下运动过程中如支柱销轴安装不当，或销轴因销没有反脚而滑落，将导致浮盘支柱掉入罐底。当浮盘处于低位工作时，由于失去支柱支承，使浮盘受力不均匀，浮盘变形，严重时浮盘部分或全部倒塌，造成沉盘。

(3) 维护管理不当

内浮盘导向轮要定期加油润滑、浮盘自动呼吸阀、浮盘表面、浮盘密封圈、油罐内表面防腐情况都要及时了解，发现问题及时解决，否则因操作不当很可能造成沉盘事故。

另外进油速度过快，油品中含气量较多会导致浮盘受力不均匀，处于摇晃状态；浮盘、罐体建造质量有缺陷也将造成沉盘事故。

2. 防范措施

(1) 操作上的防范措施

内浮顶油罐实际储存油品高度严禁超过油罐的安全储油高度。

空罐进油时油品初速不得超过 1m/s，油品浸没进出油短管后油品流速不宜大于 4.5m/s。内浮顶油罐新投入运行或清罐后第一次进油，最好先用水将浮盘浮起（浮盘在水中的浮力比在油中大），然后进油，进油大于 300t 后缓慢将水脱尽。

发油时浮顶罐内存油量不得低于浮盘起浮点以下，否则在下次进油时如油品流速过快可能会因气体作用使浮盘各处受力不均，倾斜卡死而沉盘。表 1-20 为油罐发油时最低液位，供参考。

表 1-20　内浮顶油罐作业最低液位

油罐容量/m^3	最低液位高度/mm
5000	1200
3000	1500
2000	1500
1000	1500

(2) 定期检查

对内浮顶油罐应每月检查浮顶密封装置、导向轮完好情况、浮盘面的凹凸情况和浮盘平稳状况，发现异常，及时采取措施。检查时切记要制定严密可靠的安全措施。

(3) 报警装置

充分利用内浮顶油罐附设的高低液位报警装置，以便操作人员引起警觉，减少失误。

三、油罐吸瘪事故及修复

立式金属油罐发生局部失稳（吸瘪）为油罐常见事故，多发生在油罐顶部或上部圈板，且修复困难。

立式金属油罐的工作压力，正压为 1.961 ~ 3.923kPa 之间，多数为 1 961kPa（200mmH_2O），负压为 245 ~ 490Pa 之间，通常为 490Pa（50mmH_2O）。在储油过程中，罐内的正负压由呼吸阀进行调节。油罐吸瘪是由于罐内真空度过大所致。事故通常在向外发油且速度过快时发生，偶尔也见有在夏季雷阵雨过后发生油罐吸瘪事故。

1．油罐吸瘪原理

油罐在出油过程中，如果单位时间内发出的油料体积大于经呼吸阀补充的进罐空气，罐内真空度就会增大。上述差值越大，罐内真空度也越大。当真空度超过油罐工作负压时，很容易造成油罐失稳，引起油罐吸瘪，甚至造成事故。

夏季雷雨过后发生油罐吸瘪的原理为：地面油罐经太阳曝晒，罐内气相空间气体膨胀、温度较高，如遇雷雨，使罐内气体急剧降温而收缩，造成罐内负压，呼吸阀来不及补充空气，使油罐吸瘪。由夏季雷雨造成的油罐吸瘪事故，发生时间多在下午 4 时左右，气相空间较大的油罐事故可能性也增大。

2．油罐吸瘪原因

油罐发生吸瘪事故归根结底问题就出在呼吸阀上。呼吸阀阀盘卡盘、冬天时被冻结或被雪封死，呼吸阀出入口阻塞、阻火器阻塞或气体流通阻力过大；另外油罐出油流量变化幅度过大，与呼吸阀的呼吸量不匹配；进气量不能满足要求也是造成油罐吸瘪的原因之一。

3．防止油罐吸瘪事故的措施

加强对呼吸阀、通风管的检查和维护，确保其安全并使其始终保持在完好的工作状态是防止油罐吸瘪事故的有效措施。要做到每月二次的定期检查制度，冬季每次作业前都应检查，特别注意大雪天气，发现堵塞物及时清理。

遵守操作规程，严格控制作业流量也可防止油罐吸瘪事故的发生。

4．油罐吸瘪的修整

油罐发生吸瘪事故后，修整过程需要一定的技术保证。目前较常见的方法是注水压气法。注水压气法就是先往油罐内充入一定高度的水，然后密闭油罐，再往罐内慢慢注水压缩罐内空气，罐内气体空间压力增大，使变形油罐顶部复原的方法。

（1）修复吸瘪油罐工艺流程

吸瘪油罐在修复过程前需进行清罐，并制定在修复时出现紧急情况（如油罐破裂）时的应急措施。修复设备工艺流程如图 1－3 所示。

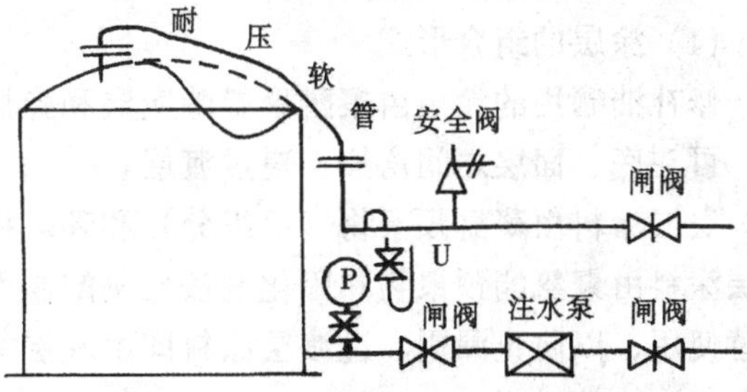

图 1－3　修复吸瘪油罐工艺流程图

流程中安全阀的控制压力是保证油罐安全的重要措施。油罐修复所允许施加的压力与包边角钢的结构形式有关，但一般不超过 12kPa，因此安全阀的控制压力应在 10kPa 左右。

(2) 修复过程

各项准备工作完成后，可向罐内灌水。灌水高度要适宜。灌水过高，会使密闭注水过程中留下的气相空间较小，压力上升太快，不易控制，同时水位如超过包边角钢，包边角钢受力增大，可能造成包边角钢受损破坏。灌水太低，则气相压力波动的原因，也会影响油罐的修复。一般情况下，灌水至 2/3 罐壁高为宜。

灌水至规定高度后，关闭呼吸阀、计量孔，再次检查各设备安装是否正确，确认无误后，就可密闭油罐开始注水加压。

注水速度应缓慢进行。注水过程中，要注意观察油罐顶部变形情况及包边角钢，油罐底部 T 形焊缝起翘情况，发现异常，应立即停止注水，查明原因，采取措施。注水加压过程中，还应及时记录有关数据，当压力达到安全阀控制值的 80%左右后，注水加压过程要进一步放慢，每注水一次，应稳定一定的时间后再注水。注水加压过程直到罐顶吸瘪部位恢复为止。

修复过程中，油罐顶严禁站人或放置其它工具，防止油罐顶复原时发生事故。

油罐吸瘪部位恢复后，在压力作用下，由于材料内部晶格仍在发生滑移，产生应变。卸压过早，可能使油罐再次发生瘪陷。因此，应让油罐在该压力下保持一段时间（8h 左右为宜），待其应变完全后再卸压。

卸压也是油罐修复后的一道关键工序。卸压的方法是打开放气阀，缓慢放气，直至罐内外压力平衡。由于气体流动的惯性作用，放气太快，就可能造成油罐气相空间再次形成真空而被吸瘪。

注水压气法修复吸瘪油罐，注水泵的选择应通过计算确定。否则有可能在注水加压后期因泵扬程不够，或泵过负荷工作烧毁电机而使修复工作失败。

四、油罐渗漏的修补

油罐渗漏是石油库常见故障之一。特别是底板的渗漏很难及时发现，往往是油品从地下渗出或者油品从下水沟道流出才发现。浙江省某油库曾发生因油罐底板渗漏，油品从下水沟道流出引起火灾事故。

油罐渗漏主要发生在底板上。腐蚀严重，渗漏点多的可采用重铺底板的方法解决渗漏问题；对一般的腐蚀穿孔渗漏可采用不动火修补方法。

1. 弹性聚氨酯涂料修补法

(1) 涂层的组合形式

修补油罐用的涂层由聚醚聚氨酯底层和弹性聚氨酯面层组合而成。为提高底层的粘附力，可在底、面层之间增加一道过渡层。

底层涂料由聚醚预聚物（甲组分）和环氧树脂铁红色浆（乙组分）按比例配制而成。面层涂料由聚氨酯预聚物和固化剂按比例配制而成，分灰、白两种颜色，多层涂刷时，可交替使用，以防止漏刷。过渡层涂料即由底层涂料和面层涂料按重量比配制而成。

(2) 修补过程

油罐倒空清罐经通风后，将待修部分钢板表面的油污彻底清除，除去浮锈，用溶剂（二甲苯或醋酸乙酯）擦洗干净，然后按下述顺序进行：

① 涂刷第一道聚醚聚氨酯底层涂料。并用底层涂料加入适量滑石粉调成膏状的腻子刮（抹）平孔洞或凹凸不平部位。

② 涂刷第二道底层涂料。涂刷过渡层涂料。

③ 涂刷弹性聚氨酯面层涂料 2～4 道。面层主要起耐油、防渗作用，是修补质量好坏的关键。应力求均匀、不漏刷、少流挂。

修补时每道涂料的间隔时间必须在上道涂料基本干实，施工人员在新涂层上踩踏基本不粘脚时涂刷下一道涂料，时间约需 24h。

施工结束后，涂层经 20～30 天的固化时间，油罐即可再次储油。

2．环氧树脂修补法

（1）对锈坑、砂眼、裂纹及馈孔的修补

① 处理钢板表面。擦净钢板表面油垢，再用铜丝刷除油漆和铁锈，然后用丙酮清洗，找出渗漏孔眼或锈坑。

② 用环氧腻子堵塞洞、锈坑。用小刀将环氧腻子堵在渗漏或锈坑部位，并向四周抹开，使之与金属紧密结合。若漏孔过大，先用铳子打入适量软金属（铅丝或铅片），然后再刮腻子。

环氧腻子的配方较多，表 1－21 是其中一种。

表 1－21　环氧腻子配方表

原材料	数量/g	原材料	数量/g
环氧树脂	100	丙酮	3～5
正丁酯	10	石英粉	20～30
乙二胺	6		

③ 涂抹环氧树脂补漏剂。环氧腻子干固后，即可涂抹环氧树脂补漏剂。在涂抹的过程中，要不断搅拌，防止固化。气温低时可将盛补漏剂的杯子放在温度为 30℃左右的热水盆中保温。涂刷厚度一般为 1～2mm。修补后应真空检漏。

环氧树脂补漏剂的配方，也有多种，下面介绍两种，如表 1－22。

表 1－22　环氧树脂补漏剂配方表

原材料	第一种配方/g	第二种配方/g
环氧树脂	100	100
二丁酯	20	
乙二胺	10	10～15
丙酮		15～20

表中二丁酯和丙酮为稀释剂，乙二胺为固化剂，环氧树脂主料为粘结剂，配制时先将环氧树脂倒入容器（若有凝固不易倒出时可适当用水浴加温），加入稀释剂搅拌均匀，在涂刷前再加入乙二胺。丙酮和乙二胺都不宜早加入，因为丙酮容易挥发，乙二胺容易凝固。每次补漏剂亦不宜配得太多，能在一两个小时内用完为宜。

④ 贴玻璃布。在固化的修补层上涂少量的补漏剂，立刻贴一层玻璃布，并压紧、刮平，赶走气泡。一般涂三道补漏剂、贴两层玻璃布即可。每层的补漏剂和玻璃布的面积，都应大于前一层，这样与钢板的结合平缓，受力较好，粘贴亦牢固。

⑤ 涂刷防腐漆。用环氧补漏剂和玻璃布修补，过一昼夜待修补层完全固化，检查无漏后，即可涂刷油罐防腐漆，使金属表面完全封闭，防止水分浸入生锈。涂漆种类应选用与油罐原来的涂漆相同品种，这样可使涂层结合良好。

(2) 用环氧树脂玻璃布修补油罐时注意事项

环氧补漏剂的配制是较严格的化学反应过程，各种原料称量应准确，投料顺序不能错，投料时间要掌握好，这样才能达到应有的效果。

施工前，应准备好相应的各种工具，以免影响速度。

施工人员要明确分工，即保证质量，又要动作迅速，以免配制的补漏剂凝固失效。

丙酮等化学原料有毒，施工中不得用手直接接触，并应加强通风，注意安全，严防施工人员中毒。

3．螺栓堵漏法

对罐底较大穿孔的修补，首先在穿孔处，用手摇钻钻成长 28mm、宽 14mm 左右的长方孔。如罐底与罐基础脱离时，应从方孔处灌入细沙，使沙面接近罐底板，并在沙面上浇注一层沥青防腐层，然后把特制螺母放入罐底，并用铁丝吊起（特制螺母上有系铁丝的小孔，孔径约 1.5mm）。为了使罐底板与压板结合紧密，在方口周围涂上一层厚约 1～1.5mm 白铅油，然后将压板螺杆轻轻拧入特制螺母中，直到拧紧为止。压板螺杆装好后，清除压板及周围的脏物，涂一层厚约 3～4mm 的环氧树脂补漏剂，随即在其表面贴一层玻璃布，然后再涂一层厚约 2.5mm 的补漏剂、再贴一层玻璃布，再涂一层 2.5mm 厚的补漏剂，使补孔凸出的部分成弧形坡度，防止应力集中和粘结不牢。

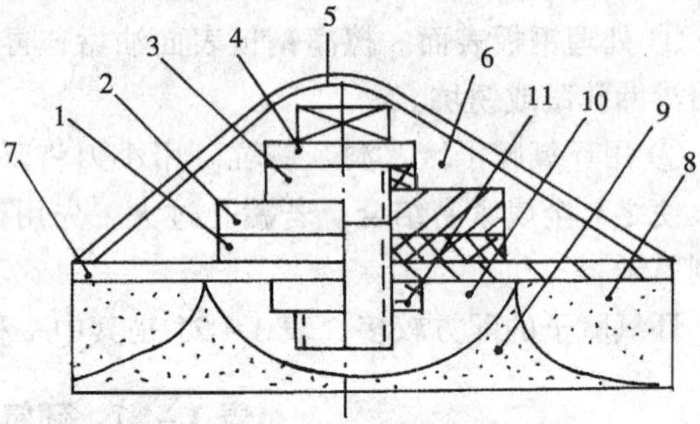

图 1－4　螺栓堵漏法

1—耐油石棉板；2—钢压板；3—耐油石棉板；4—压紧螺母；5—玻璃布；6—环氧树脂补漏剂；7—油罐底板；8—沥青砂垫层；9—细沙；10—防腐层；11—特制螺母

4．罐壁及罐顶的锈坑、砂眼裂纹及穿孔等的修理与罐底局部修理方法相似，在此不做赘述。

第二章　石油库管道工艺

石油库的管道工艺是保证其正常运转的经络。它的工况组合将直接影响到石油库的合理调度和管道事故。

第一节　输油工艺管组

目前我国石化系统石油库的输油管组采用双（多）管系统、单管系统和独立管系统等几种形式。

一、罐区工艺管组

用于储存轻油的油罐，由于油品需频繁地进行收、发和倒罐作业，通常的做法是一组（同种类油品）储油罐设两根管道。这种工艺流程，同组油罐间可以互相输转，也可同时进行收发油作业。近年建造的石油库有的轻油输油管组采用两根以上的管道，同时进行收、发（中转）作业互不影响，提高了工作效率。

用于储存粘油的油罐，由于油品质量要求较高，同时收、发和倒罐作业也不频繁，通常的做法是专管专用，采用的方法有单管系统和独立管系统。

单管系统的特点是将不同油品分组布置，每组油品设一根管道与油泵相连。单管系统所需管道少，仅需一根管道作为储存同种油品的一组油罐进出油收发作业，但油罐间不能互相输转。储存同种油品的一组油罐，只要有一个油罐进行收或发的作业就不能进行逆向作业。

独立管系统是一个油罐单独设一根管道与泵相连。特点是布置清晰，同种油品的二个油罐间可以相互倒罐，收发和检修作业互不影响，缺点是管材耗量大。

二、卸油管组

卸油管组主要是指轻质油品的铁路装卸。水路接卸无论是采用输油臂或者耐油胶管，工艺都比较简单，不作讨论。

目前我国对轻质油品的铁路装卸一律采用上部接卸。上部接卸的缺点是当环境温度较高且当地大气压较低时极易发生接卸困难甚至气阻断流。如何解决气阻问题将在第三章详述，本节仅讨论工艺管组型式。

1．上卸工艺

上部卸油采用油泵强制卸油方式（理论上还可用零位罐进行自流或虹吸卸油）。

离心油泵卸油时，必须保证吸入系统充满油料，并在鹤管顶点和吸入系统任意部位不存在气体积聚现象，所以通常配有真空泵以满足灌泵和抽底油的要求。用泵卸油的优点是从铁路油罐车卸出的油品可直接泵送到油罐，减少了油品损耗。缺点是必须设置高大的鹤管、栈桥和真空系统，设备多，操作复杂并往往在气温较高时形成气阻，影响正常卸油。

（1）输油管与真空管的连接

输油管与真空管的连接一般有两种方式。一种是在每一个鹤管控制阀门的上部引出一条短管与真空集油管相连。这种连接方式鹤管虹吸速度快，油品可以在虹吸作用下自流进入泵房真空罐。在操作上需打开泵的出口阀或油泵放气阀，依靠油品的自流将吸入管的气体排出，然后再启动离心泵。

另一种方式是使真空管与输油管在泵的入口处附近连接。使用时开动真空泵，使吸入管道中的气体全部由真空系统排出。这种方式虹吸速度较慢，真空集油管只作为抽罐车底油用，但这种连接方式可以避免离心泵开阀启动。

（2）鹤管与集油管的连接

每一根鹤管分别与两根（或多根）集油管相连，如图 2－1 所示。鹤管间的距离根据铁路作业线的股数决定。单侧栈桥（单股作业线）鹤管间距一般为 12m 或 12.5m。双侧栈桥（双股作业线），集油管设置在两股作业线之间，鹤管间距为 6m 或 6.25m。双侧栈桥连接方式可以同时装卸两种（或多种）油品。

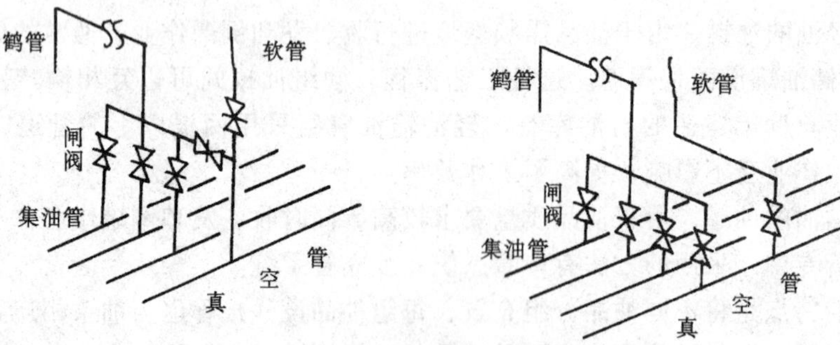

图 2－1　鹤管、集油管和真空管的连接

控制阀门可以安装在栈桥上，也可安装在栈桥下。阀门安装在栈桥上便于操作，但从降低鹤管高度、减少气阻产生的可能性考虑，操作阀门安装在栈桥下为宜。

2．下卸工艺

润滑油接卸多采用下卸方式，工艺简单。但接卸时应做到专管专用，并应定期扫线。

三、发油工艺

1．公路发油

（1）发放形式

中小型石油库油品的发放主要为公路发放形式。灌装形式有高架（位）罐自流发油和泵送发油两种形式。

高架（位）罐自流发油适合于山区石油库或有地形可供建造高架（位）罐的石油库。优点是作业不受停电影响，油品流态稳定；缺点是由于增加中转环节而使油品损耗增加，建造费用也相应增大。

泵送发油适合于各类地理条件的石油库。特别是近年来管道泵技术的改进和发展，使泵送工艺得到越来越广泛的应用。此工艺为密封输油，损耗小，投资省，便于实现专管（泵）专用。缺点是由于油泵频繁启停，使用寿命有影响；流量不稳定，流量计使用寿命和计量精度都受影响。

(2) 发油工艺

常见的发油工艺如图 2－2 所示。

图 2－2　石油库常见发油工艺

根据计量管理的要求，工艺中不设旁通管线。流量计可以是容积式（腰轮流量计、椭圆齿轮流量计）或速度式涡轮流量计。目前全国各地石油库使用比较理想的是腰轮流量计（也称罗茨流量计）。它计量精度高，既可就地指示又可远传微机控制计量。

涡轮流量计计量精度高，但液体流态的变化对计量精度的影响很大，因而对工艺的要求也较高。

(3) 发油工艺的改进

① 微机控制发油是一种发展趋势，目前比较成熟的技术是 WK 系列微机控制发油系统。国内微机控制发油的主要问题是执行器件工作可靠性始终不过关，变送器的精度也存在较大问题。江苏省石油总公司开发出一种电磁阀，使用效果不错，应该推广应用。

② 发油工艺中消气器、整流器对计量精度的影响到底有多大？目前国内还没有这方面的专题研究。换句话说，就是发油工艺的标准化和定型化。

③ 油气回收装置的研制和使用。公路发油区在发放轻油时，将产生大量油气，不仅对大气造成污染，恶化了工作环境，而且作业场所的爆炸燃烧危险性大大增加，因此很有必要建立油气回收系统。然而目前国内还没有成熟的油气回收装置，这方面要做的工作很多，应引起各方面的足够重视。

第二节　管道使用与维护管理

一、管道投用前注意事项

施工或检修完的管道内，往往留有焊渣、泥土、铁锈、焊条头等杂物，如不及时清除，投用后将会堵塞管道，损坏阀门和设备，甚至污染油品，致使油品变质。因此管道投用前必须用水冲洗，然后再用压缩空气吹净管内存水。清洗或吹扫都是从端管给水（风），从终端打开阀门或卸开法兰进行排空，直到清洗吹扫干净为止。管道投用前，在处理管道时要注意以下几点：

① 用于输送不能含水的介质（如航空煤油和润滑油）的管道，在水洗后应用热风吹干管道，热风温度一般应不小于 80℃。

② 流量计或控制阀带副线的，吹扫时应走副线，无副线时卸下控制阀和流量计，用短管代替。

③ 管道吹扫时，压力表应关闭，吹扫经过过滤器时，吹扫后要打开过滤器，清除滤网上杂质，防止滤网堵塞，影响流道畅通。

④ 清洗与吹扫管道不能留有死角，低点之处应逐段排空，直至全线畅通。

二、管道试压

管道试压是对管道强度和严密性进行检验的重要方法，它是新管道投用和管道大修、更新改造后必须进行的检验项目。管道试压有水压试验和气压试验两种方法。根据施工和使用单位自身条件，采用哪一种方法都可。

1. 水压试验

水压试验的介质是清水，管道充满水后，用试压泵加压。强度试验压力为1.5倍工作压力（最低不小于0.2MPa），试压时间保证5min稳定不变。严密性试验压力为工作压力（最低不小于0.2MPa），检查时间不小于1h；在规定时间内，压力降不大于严密性试验压力的5%，各焊缝及管道附件不渗漏为合格。

2. 气压试验

采用气压试验事前需有安全措施。介质可以是压缩风、蒸汽。强度试验取管道工作压力的1.1倍，压力保持稳定5min不变。严密性试验压力为管道工作压力，检查时间不小于30min。用肥皂水检查焊缝和管道附件不渗漏为合格。气压试验压力最低不小于0.2MPa。试压完毕，应在高点放压排空。

三、管道的使用

1. 熟悉工艺

为了正确地使用管道，必须熟悉管道工艺流程的布置、连接形式、坡度方向、管道规格、技术状况、附件位置及作用等情况。

新投用的管道或经检修与改造的管道，其流程应能满足生产工艺要求；管道上各种附件齐全；管道清洗、吹扫、试压合格，并有记录；管道防腐、保温、伴热完整并符合要求；管道、阀门有编号，刷漆符合要求；油品流向有标志，油品名称有标记。

2. 正确操作

应建立必要的制度，按操作规程办事，这是防止事故发生的有力措施。例如阀门错开、关闭不严或不及时，就有可能发生混油、跑油事故。开关阀门过猛，可能会使水击压力过大，破坏管道和附件。

收发油作业按调度指令执行，并应仔细核实工艺流程。管道输油开始，初速控制在1m/s以内，汽、煤、柴等轻质油品流速不宜大于4.5m/s。输油过程中，操作人员应注意机泵压力、电流和温度，定时检测油罐液位，掌握油罐液位变化情况，并及时沿管道作业流程巡检。

3. 合理放空

操作完毕，及时放空管道，其目的在于：

① 防止因阀门渗漏，使油料串混。

② 保证管理安全。如果管道中充满油料，当温度升高时，油料的膨胀大于管体金属的膨胀，使管道压力增高，可能引起管道渗漏（如法兰连接外等），阀门开启困难，甚至胀裂管道。这是因为对于密封管道内充满油料，在温升1℃时的膨胀压力可增加0.7MPa左右。对于未安装胀油管或安全阀的管道系统，可放掉部分油料，使管道内存在一定的气

体空间，由于气体具有可压缩性，可以防止温升超压。

③ 重油管道，气温较低时应先开伴热管道，管道预热后再开泵送油，防止油品凝管。输油结束要及时扫线。

④ 管道长期停用或需动火检修，均应扫线处理。扫线推荐的介质见表 2－1。

表 2－1 管道扫线推荐选用介质

管道内介质 \ 扫线介质	蒸 汽	空 气	氮 气	水
原 油	√			
汽油/石脑油				√
煤 油/航空煤油			√	
柴 油	√			√
润 滑 油		√		
液化石油气			√	

注：有沥青的地下管道，不准用蒸汽吹扫，以免沥青受热软化，防腐层受到破坏。无论何种扫线介质，都不准往正常使用油罐扫线，以防油品被污染而影响质量。用蒸汽扫线时，阀门不得开得过快或过大，以防水击损坏管道和设备。闪点低于 60℃的油品管道禁用压缩风扫线，以防油气与空气混合，形成爆炸混合物引起着火、爆炸。

4．防止渗漏

法兰、焊缝、阀门填料、伸缩器填料等处，是管道密封的薄弱环节，应经常检查与维护，适时更换法兰垫片和阀门填料。

地上管道的渗漏，比较直观，容易发现。但地下管道检漏比较困难，目前还没有方便可靠的检漏仪和检查方法，这就要求在工作中，确实掌握地下管道的技术状况。

5．适时清洗

管道在安装、检修后，内部存在一些焊渣等杂物，应进行冲洗。管道经过一定时间使用后，在管道的内表面上会覆盖一层铁锈或从油料中析出的沉淀物，这样就会减少管道横截面积，并增加流动阻力，降低输送能力及油品质量。所以，管道使用一定时间后，必须根据情况适时清洗。

6．减少腐蚀

除了采取应有的防腐措施外，平时应经常检查管道锈蚀情况，发现脱漆处，应及时补漆。为防止管道底部锈蚀，在可能时，结合大修转动管段，使其原腹面向上。管道周围的污水、杂草应随时清除。地下管道在使用一定年限后，应在腐蚀严重地段挖坑检查地下管道锈蚀情况，以便采取相应措施。

另外，还应检查支座、管沟的状况，修理其损坏部分；检查管道的静电接地装置的连接是否牢靠，有无严重腐蚀现象。寒冷地区，入冬前应放空闸阀及管道低凹处的积水，以防冻裂。

四、管道检查与维护

管道的维护应建立维修技术档案。根据工艺流程、途经区域对系统管网进行明确分工。岗位操作人员应定时、定线、定点巡回检查。

管道的检查分外部检查、重点检查和全面检查。检查周期根据管道的技术状况和使用条件而定。管道投用后，日常所做检查与维护主要有以下几点：

① 管道及其附件检查应作为岗位操作人员巡回检查的一项重要内容，定时巡回检查，发现问题及时汇报并做记录。

② 管道输油开始和作业过程中，应沿流程仔细检查各阀门开关是否正确，各法兰、接头、焊缝及其它附件是否完好，各处有无渗漏或跑油。

③ 检查管道保温是否完好，油漆是否脱落，管道支撑有无掉离支座或扭曲变形。

④ 法兰严禁埋在地下，对废弃不用的又与在用管道相连的管段，应及时拆除或断开，防止发生串油或跑油。

⑤ 管道色标。为了便于识别与管理，各种管道（包括保温）应涂刷不同颜色的油漆。目前石化系统石油库中常见的管道色标如表 2－2 所示。

表 2－2　管　道　色　标

介质名称	颜　色
汽油/花色汽油	银白色或红色
煤油/航空煤油	黄　色
柴　油	灰　色
润滑油	深灰色或黑色
泡沫管道	红　色
冷却水管道	绿　色
真空管道	天蓝色
蒸　汽	（淡红色）

五、管道防腐、保温与伴热

1. 防腐

为了延长管道使用寿命，不论输送何种介质的管道，均应采取刷漆防腐措施。输送的介质不同，管道铺设方式不同，防腐要求也不尽相同。

普通地面明敷的管道，如不需保温，只要在管外壁先除锈，再涂刷一道红丹底漆，然后再涂刷 1～2 道醇酸磁漆作面漆。如需保温，则在管道外表加保温材料后再包镀锌铁皮，铁皮表面刷两道醇酸磁漆。

埋于地下的管道，应根据土层质量、电阻率等参数采取普通级、加强级或特强级 3 种不同的防腐方法。

普通级防腐由沥青底漆－沥青－聚氯乙烯工业膜组成，涂层总厚≥3mm。

加强级防腐由沥青底漆－沥青－玻璃布－沥青－玻璃布－沥青－聚氯乙烯工业膜组

成。涂层总厚≥6mm。

特加强级防腐共9层，涂层总厚≥9mm。

除上述的石油沥青防腐绝缘层以外，埋地管道的防腐方法还有煤焦油沥青防腐绝缘层、环氧煤沥青防腐绝缘层、塑料胶带防腐绝缘层、环氧粉末防腐绝缘层。常见防腐材料性能优缺点见表2-3所示。

2. 伴热

对于粘度大、易凝的石油及其产品，如原油、重柴油、润滑油等都需加热输送。为减少输送过程中热损失，除需在管道外进行保温外，有时还需逐段对管道预伴热。表2-4为蒸汽伴热管道选用表。

表2-3 常用防腐绝缘材料优缺点比较

涂层类型	主要配料	优　点	缺　点	适用范围
环氧煤沥青①	环氧煤沥青漆、玻璃布	1. 机械强度高 2. 耐腐蚀性能好 3. 施工安全，所用机具少	1. 固化时间长 2. 施工时配比难掌握	适用于埋地及海底管道
煤焦油沥青	底漆、磁漆、增强材料	1. 抗细菌腐蚀能力强 2. 抗油性能好 3. 使用寿命长	1. 有烟雾，污染环境 2. 物理性能低	沥青资源易得地区
胶粘带（PE）	聚（氯）乙烯胶带、底漆或粘合剂	1. 绝缘电阻高 2. 施工简便、安全、干净	1. 价格昂贵 2. 物理性能差 3. 粘结性能差	土质干燥地区
环氧粉末（FBE）	604环氧树脂 双氰氨固化剂 氧化铁红 石英粉 流平剂	1. 耐腐蚀性能好 2. 机械强度高 3. 抗阴极剥离性能 4. 使用寿命长	1. 表面处理要求严格 2. 目前国内尚未形成生产能力	大口径管道、沙漠寒热带地区
石油热沥青	30甲（30乙/10号）建筑沥青 玻璃布、聚氯乙烯塑料布	1. 毒性较小 2. 材料易得 3. 技术成熟，设备定型	1. 易受细菌腐蚀 2. 溶于碳氢化合物 3. 物理性能低	沥青资源易得地区

① 近年来工程上出现了一种冷缠带的防腐材料，它克服了环氧煤沥青涂料的缺点，以无纺涤纶为基料将高环氧树脂含量的环氧煤沥青涂料经挂胶机涂敷在基材上。用低温氧化、潮湿型树固化剂作底胶，将胶带固化。完全固化后的覆盖层机械强度高、粘结力大、化学性质稳定、电绝缘性好。它是一种高温下不熔化、溶剂中不溶解、耐温、耐水的覆盖层。

表2-4 蒸汽伴热管道选用表

输油管道 *DN*/mm	40	50	65	80	100	125	150	200	250	300
伴热管道 *DN*/mm	15	15	15	20	25	15	15	20	25	20
伴热管数量	1	1	1	1	2	2	2	2	2	3

注：*DN*150以上输油管，为了施工和管理方便，工程上常用1根*DN*40或*DN*50管作伴热。

蒸汽伴热管道敷设应注意以下几点：

① 伴热蒸汽应从供热管上方引入，压力保持在0.5~1.0MPa。

② 伴热管道与被伴热管道应捆牢紧贴在一起，外包保温层。

③ 伴热管道尾端应在低点通过疏水器排除冷凝水。

④ 伴热管道应在适当距离和位置设补偿管道。

3．保温

除加热输送的油品管道需保温外，还有一些介质如蒸汽、自来水、液化石油气等管道也需保温。输送的介质不同，保温目的也不相同。蒸汽管道保温是为了防止热损失，自来水管道保温是为了防止冻凝，而液化石油气管道保温是为了保冷。因此，对不同管道的保温结构及其使用材质也不相同。

保温管道一般由4层组成，由里到外分别是防腐层、保温层、防潮层，最外一层是保护层。

① 防腐层是在管壁外涂刷一道沥青底漆或1~2道红丹漆，以防止管道外壁氧化腐蚀。

② 保温层采用导热性能低的材料，如玻璃布、矿渣棉、硅酸铝纤维、泡沫石棉、微孔硅酸钙和海泡石复合保温材料，制成一定形状包于管道或设备外部，保温层厚度视管径大小和介质温度而定。

③ 防潮层是用沥青玻璃布缠绕于保温层外面，用以防止雨雪浸入保温层破坏保温效果。包扎层数根据设计而定。

④ 保护层用0.5mm的镀锌铁皮包于防潮层表面，也有用玻璃布缠绕或石棉水泥抹面，这样可以保护保温层不被人为损坏，从而延长保温层寿命。保护层表面应涂刷1~2道醇酸磁漆。

保温管道应格外注意施工质量。主要质量要求有：法兰处应留有卸螺帽间隙；转弯处应留有膨胀间隙；直立管段设托架；保温块应用铁丝捆牢；预制块间隙应用灰浆灌满；玻璃布缠绕应搭接一半；保温层要求密实。

管道色标与前述相同。

六、管道的防漏和应急抢修

管道由于腐蚀穿孔、焊缝缺陷、冬季冻裂、高温胀裂以及密封垫圈损坏等原因，将造成泄漏。对于地面管道的渗漏容易发现，埋地管道的泄漏就不易发现，只有通过间接的方法加以判断。

1．地下管道的渗漏判断

在巡检测过程中，通常可以借助以下几种情况来分析判断地下管道的渗漏：

① 收发油时，泵出口压力表读数突然下降或读数比平常偏小，进口真空表读数亦相应增加（真空度减少）。

② 一次作业后，收油量和发油量存在较大差额。

③ 不输油时，管道内有类似流水般响声。

④ 埋地管道的附近地面或水面有油迹或油花，周围植物出现发黄枯死现象。

上述方法在管道大量漏油时，是能及时发现的，但微小渗漏时，就不易发现了。为了防止长期漏油的损失，地下输油管道应进行周期性的试压，以发现管道有无渗漏现象。

2．防漏措施

管道一旦发生泄漏就会造成损失，为了防止管道渗漏，通常有以下几条防漏措施：

① 管道的法兰、焊缝、补偿器填料等处，加强检查和维护，适时更换垫片和填料。

② 地下管道敷设时切实做好防腐措施，并定期检查防腐层是否完好。

③ 为保证工作安全可靠，使用中每隔 1～2 年应对管道进行一次强度和严密性复检。

3．管道应急抢修

作为一种管道维护的特殊工作，应急抢修对减少管道泄漏造成的损失很重要。下面介绍几种应急抢修的方法：

（1）木塞堵漏

木塞的形状、规格，根据需要预先制作。一旦管道出现穿孔泄漏，用预制好的木塞打紧即可。此法简单、效果好、操作迅速。

（2）堵漏栓

堵漏栓是用于抢修管道穿孔时的一种简便方法。堵漏栓的结构如图 2－3 所示，它制作简单，携带方便，效果好。

当管道出现穿孔泄漏时，可根据孔洞的大小，选择合适的堵漏栓。使用时先使活动杆和螺杆平行，穿入洞内，然后慢慢拉动螺杆，使活动杆和螺杆垂直并紧贴在管子内壁，接着拧动元宝螺母，将密封胶垫压紧即可。

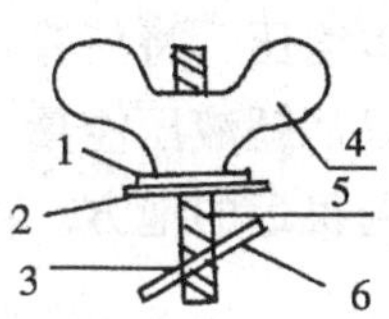

图 2－3　堵漏栓

1—金属垫片；2—橡胶密封垫；3—活动轴；4—元宝螺母；5—螺杆；6—活动杆；

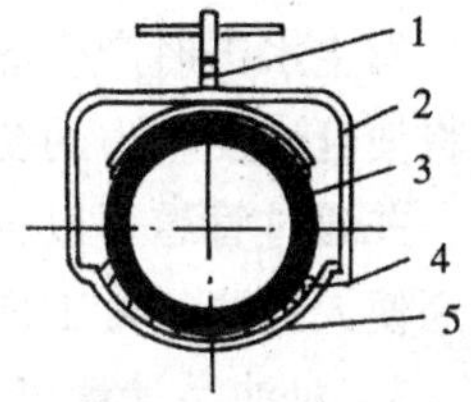

图 2－4　堵漏环箍

1—转动螺栓；2—支架；3—油管；4—橡胶垫片；5—弧形铁板

（3）环箍堵漏

当管道受腐蚀穿孔泄漏，孔洞周围的管壁亦已很薄，强度也较低，这时采用环箍堵漏比较理想。环箍的结构如图 2－4 所示，它既可作管道单面穿孔堵漏，也可用双面穿孔堵漏。使用时用适当大小的橡胶垫片贴在渗漏处，套上弧形铁板拧紧即可。

第三节　石油库管道的水击现象及控制

油品管道输送过程中一个突出的问题是防止水击危害。

一、石油库管道水击现象

1．水击现象

在油品输转过程中突然开阀或关阀，开泵或关泵，机组运行不稳定，将引起管道中液体的运动状态发生急剧变化，在管道中就会出现水击现象，尤其是液体由运动突然变为停止时产生水击的可能性更大。

处于流动状态的液体，当阀门突然关闭时，紧邻阀门的液体首先停止流动，液体被压缩，其动能转化为压能（即水击压力），接着离阀门稍远的液体也停止流动，液体被压缩，并产生增压。这样就形成了一个被压缩油层高压区和未被压缩的低压区分界面，以速度 c 从阀门处向上游方向传播。c 为水击波传播速度，其值为液体中的声速，大约在 1000～1500m/s 之间。水击波沿管道传播，增压值迭加在原来的液体之上，这就是水击的主要征象。一个完整的水击包括水击受压、水击释压、水击恢复等过程，并伴随水击能量通过管道释放。石油库中产生水击现象的场合，一般发生在油品收、发和输转过程中：

① 油品在输转过程中，管道阀门突然关闭，特别是油轮装卸作业时油品输送流量大、速度快，此时突然关闭阀门将产生严重的水击现象；

② 高架（位）罐自流发油时，管道出口处的阀门突然关闭，加油枪突然关闭；

③ 泵送发油时，出口处阀门或加油枪突然关闭。

二、石油库管道水击的危害

1．对管系及附件的破坏

管道发生水击时，将造成管道内液压增大，可能造成管道某些地段超压，瞬间压力可超过 5MPa，而石油库工艺系统设计压力一般不超过 2.5MPa，如长时间超压，将使管道破裂、设备及管道附件受损破坏。

2．噪音的危害

发生水击时产生的液体增压，将使管道发生微弱变形，同时管道内部增压产生的作用力将使管道发生力的变化以消耗液压能量，其能量的释放形式表现为管道震颤，发出啸叫声，并通过管道可以传递到很远的地方。由水击产生的震颤和啸叫会严重污染工作环境，甚至使人无法正常工作。

3．对油品计量仪表的破坏

从方便发油工操作考虑，目前我系统发油工艺中主控阀门多选用球阀和旋塞阀，多装在流量计后。此工艺在作业过程中主控阀门关闭不当产生水击时，将对流量计产生严重影响。表现为仪表指针来回摆动，再加上管道的震颤和啸叫，不仅造成流量计的计量精度下降，还将影响流量计使用寿命，甚至损坏流量计。因此在确定发油工艺时，特别是微机控制发油工艺，其主控阀门应安装在流量计前面，以减少水击对流量计的影响。

三、水击控制和消除

1．水击压力的估算

（1）直接水击

我们在讨论水击现象时，认为阀门是瞬间关闭的，实际上阀门关闭总有一个时间过程。如果阀门在水击恢复过程前（水击波折回到阀门）已经完全关闭，这种水击称为直接水击。工程上钢管直接水击压力可用下式表示：

$$\frac{\Delta p}{\rho g} \approx 100 v_0 \quad \text{m 液柱} \qquad (2-1)$$

式中　v_0——液体流动速度，m/s；

ρ——液体密度，kg/m^3。

例如管道中油品的流速为 4 m/s，当阀门突然关闭时，所引起的水击压力为：

$$\frac{\Delta p}{\rho g}=100\times 4=400\ \text{m 油柱}$$

可见这一数值是相当大的，正是在这样大的压力作用下管道才可能爆裂，因此在石油库有关操作规程中规定，油品输转时不允许关闭阀门。

(2) 间接水击

阀门关闭时间长，当水击波折回到阀门时，阀门尚未关闭完了。这种水击称为间接水击。间接水击压力比直接水击压力小，工程上发生的水击基本上都是间接水击，其值的估算采用经验公式：

$$\frac{\Delta p}{\rho g}=\frac{2\times v_0\times l}{g\times T_{关}} \tag{2-2}$$

式中 v_0——液体流速，m/s；

l——管道长度，m；

$T_{关}$——关阀时间，s。

例：某石油库油罐至发油台的最短距离 $l=750$m，管道为 $\Phi 159\times 4.5$，流量 $Q=44\text{m}^3/\text{h}$，汽油密度为 730kg/m^3，试计算电磁阀关阀时间从 0.5s 延长到 2s 时，水击压力之差。

解：①先求油品流速：

$$v_0=\frac{4Q}{\pi d^2}=\frac{4\times 44/3600}{\pi\times 0.15^2}=0.69\text{m/s}$$

②当关阀时间为 0.5s 时，水击压力为：

$$\frac{\Delta p_1}{\rho g}=\frac{2\times 0.69\times 750}{9.81\times 0.5}=211\text{m 油柱}$$

③当关阀时间为 2s 时，水击压力为：

$$\frac{\Delta p_2}{\rho g}=\frac{2\times 0.69\times 750}{9.81\times 2}=53\text{m 油柱}$$

④关阀时间延长，减少的水击压力为：

$$\frac{\Delta p}{\rho g}=\frac{\Delta p_1}{\rho g}-\frac{\Delta p_2}{\rho g}==211-53=158\text{m 油柱}$$

$$\Delta p=158\times\rho g=158\times 730\times 9.81=1.13\times 10^6\text{Pa}$$
$$=1.13\ \text{MPa}$$

显然，延长关阀时间对减少水击压力的效果是十分明显的。

2. 水击的控制和消除

(1) 从管理角度出发

控制或减弱水击的有效办法是延长阀门的关闭和开启时间，这从间接水击估算公式中可以看出，当关阀时间越长，水击压力越小。管道中的手动阀门应尽可能缓慢关阀。

另外，控制油品在管道中的流速也是减少或降低水击现象的重要手段之一。从理论上分析，流速降低一半，水击压力也可减少一半。因此，设计输油管道工艺时，应尽可能采用经济流速，油品输转流量应严格控制在《石油库设计规范》规定的4.5m/s之内。

还有在管道中加一段软管可以改变管道刚性，便于管道发生水击时能量的释放。在加油站，加油枪的开关时间很短，而水击却不严重，其中原因之一就是因为加油枪前有软管。

(2) 采用泄压设备控制水击的产生

① 气压缓冲罐。在管道的适当位置，比如发油系统的汇（总）管上安装容量在50~100L左右的气压缓冲罐，罐内充入适量压缩气体。当管道内发生水击时，高压液体进入缓冲罐，使缓冲罐内空气受压并消耗水击能量。此方法简单易行，且控制水击效果明显，广东省某石油库采用此法，该库反映效果较好。

采用气压缓冲罐消除水击应注意管道中液体进入和排出缓冲罐的流道大小。管道中液体进入罐内阻力要大，以降低罐内压力升高速率，缓冲罐内液体流入管道要求迅速流畅。

② 双功泄压阀。双功泄压阀结构如图2-5所示，安装在水击管道的旁通支线上，具有较好的控制水击增压速率性能，并具有限制监控点增压极限值功能。

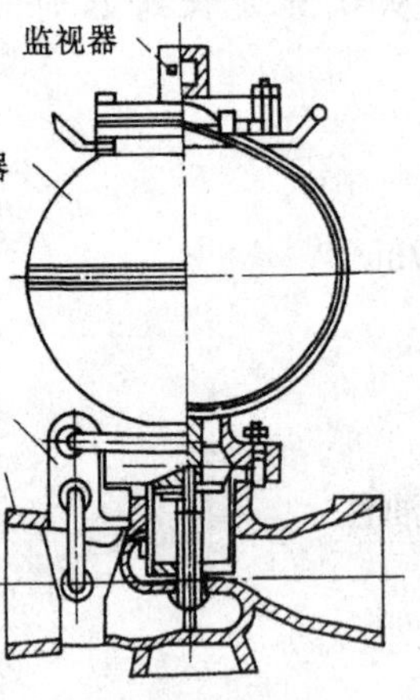

图2-5　双功泄压阀

采用该阀控制管道水击的原理与直接采用缓冲罐基本相同。只是采用调节阀后可更好地控制发生水击时带压液体进入缓冲罐和液体从缓冲罐回流到管道内，同时缓冲罐容量也可大大减少。

双功泄压阀可以调节阀的开启压力，目前已成功地用于长输管道、工艺管道，能够有效地防止水击危害，保障生产作业的安全。

③ 二段控制阀。阀门分段控制技术主要应用在电磁阀、电动阀、气动阀等自动阀门上。由于自动阀门对电、气的响应极为迅速，因而启闭时间短，这在管道中极易引起水击现象。采用二段或多段控制切断阀，使液体从流动到停止有一个渐变过程，可以大大减少管道水击现象。实际上，自动阀门采用多段控制与缓慢启闭手动阀门的功用相同，是为了延长启闭时间，减少管道水击的产生。

第四节　石油库工艺流程

石油库工艺流程指的是石油库内油品沿管道的流向，它反映的是石油库从卸油、中转、发放生产全过程与各种石油库设备的关系。

反映石油库工艺流程的图纸称为石油库工艺流程图。石油库工艺流程图是储运工所必须掌握的，它一般不按比例绘出，但各区域内设备方位尽可能与平面布置总图一致。

一、石油库工艺流程图的绘制

① 在绘制石油库工艺流程图时，可按石油库平面布置的大体位置，将各种工艺设备

布置好，然后按正常生产工艺流程、辅助工艺流程的要求，用管道、管件和阀件将各种工艺设备联系起来成为石油库工艺流程图。

② 地上管道用粗实线表示，地下管道用粗虚线表示，管沟管道用粗虚线外加双点划线表示。主要工艺管道用最粗的线型，次要或辅助管道用较细的线型。每条管道要注明编号、油品名称、管道公称直径及流向。

③ 为了在图上避免管线与管线、管线与设备间发生重叠，通常把管线画在设备的上方或下方，管线与管线发生交叉时，应遵循“横连竖断”的原则在图上画出。

④ 管路上的主要设备、阀门及其它重要附件要用细实线按规定符号在相应处画出。各种设备在图上一般只需用细实线画出大致外形轮廓或示意结构，设备大小只需大致保持设备间相对大小、设备之间相对位置及设备上重要接管口位置大致符合实际情况即可。

⑤ 图上设备要进行编号，通常注在设备图形附近，也可直接注在设备图形之内。图上还通常附有设备一览表，列出设备的编号、名称、规格及数量等项。若图中全部采用规定画法的可不再有图例。

二、设备、阀门及管道图例

设备、阀门及管道图例规定画法见表 2-5。

表 2-5 工艺流程常用图例

序号	名 称	图 例	序号	名 称	图 例
1	一般阀		12	电动离心泵	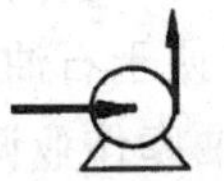
2	止回阀		13	电动往复泵	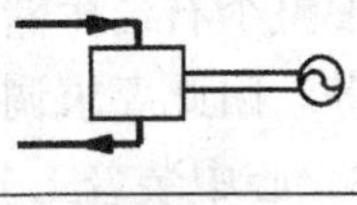
3	球 阀	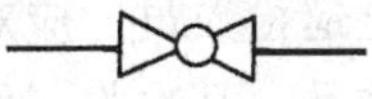	14	蒸汽往复泵	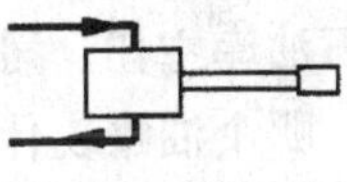
4	蝶 阀	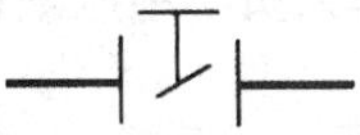	15	齿轮泵	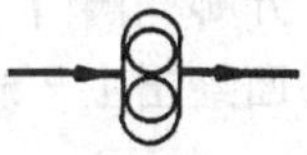
5	旋塞阀		16	螺杆泵	
6	电动阀		17	真空泵	
7	安全阀	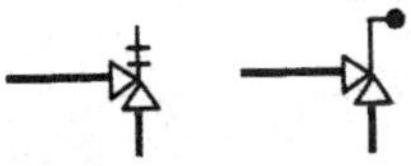	18	立式油罐	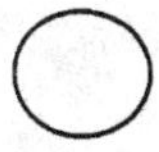
8	电磁阀		19	卧式油罐	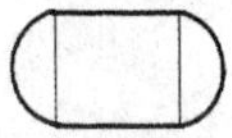

续表

序号	名　称	图　　例	序号	名　称	图　　例
9	过滤器		20	鹤管	
10	流量计		21	胶管	
11	管道泵		22	流　量 变送器	

三、石油库工艺流程的应用

1．便于指导石油库安全生产

作为一名石油库工作人员，必须能熟练地运用石油库工艺流程图组织生产和调度。根据石化集团公司有关规定，石油库工艺流程总图属于必须上墙的图纸之一；在泵房或收发油作业场所应有局部工艺流程图。

熟悉工艺流程是实现正确操作，避免事故的前提，熟悉了工艺流程，司泵员不至于因开错阀门而发生混油事故，计量人员不至于因量错油罐而发生冒油事故，当然还要有高度的责任心。此外，安全巡检人员要正确复核，也须熟悉工艺流程。

2．便于石油库收发油调度作业

石油库作业调度的主要工作是全面安排油品收、发、输转和储存业务。通过合理安排，使整个石油库储运系统的各个环节有机结合，正常运转，及时、保质保量、安全地完成任务。因此要求调度人员熟悉石油库工艺流程。

3．心中装着工艺流程图

石油库主任、司泵员、计量员、调度员和安全巡检人员，应对石油库的工艺流程非常熟悉。哪个油罐装什么油品，哪根管道输送什么油品，某次收、发、输转作业应使用哪些管道，开哪些阀门，心中应非常清晰。上述石油库人员心中应默记工艺流程图，如有必要应能书面绘出工艺流程图。

第三章　气阻和气蚀的控制

铁路轻油罐车的卸油方式，我国采用上部卸油工艺，此工艺在夏天作业，当环境温度较高，加上当地大气压较低时（如西北高原），极易发生气阻和气蚀现象，使卸油效率下降，时间延长，严重时甚至气阻断流。

气阻主要产生在铁路卸油鹤管的最高点，气蚀发生在离心油泵叶轮上。

第一节　气阻控制

一、气阻的产生机理

油液中含有溶解空气，在一定温度和大气压作用下，这种溶解作用还可增大，油品在输转过程中还会夹带空气。当铁路卸油管道系统中某一点的压力低于大气压时，溶解在油液中的空气将被析出，形成气泡，并和夹带的空气泡一起随压力的降低而膨胀。此外，由于管道内的压力低于大气压，油品还将产生蒸发，特别是当管道内某点的压力低于油品的饱和蒸气压时，这种蒸发现象将进一步加剧。这样，油品中析出的空气、夹带的空气和蒸发的气化气体聚集并窝存于管道中的某一处，通常是在管道的最高点（即鹤管最高点）形成气袋。随着管道内剩余压力的减少，气泡的数量增多，很容易上浮聚集和窝存并形成气体空间，并且气体空间的压力将逐渐升高并大于管道内的剩余压力，从而形成气阻断流。显然，当环境温度（油品温度）较高时，将加快油品的蒸发气化，形成气阻断流现象的可能性也大大增加。

二、产生气阻的原理讨论

1．工艺条件的影响

根据虹吸原理，要保证油品在鹤管内正常流动，必须使从鹤管吸入口至卸油泵入口处管道内任一点的剩余压力小于大气压。由图 3－1 可知，鹤管高度过大，要维持油品的正常流动，b 点的剩余压力低一些为好；另外从 a 点至 f 点的管道过细或过长，管道的沿程损失和局部损失也将增大，同样要求管道内任一点的剩余压力低一些为好。但是，过低的剩余压力，特别是低于油品的饱和蒸气压时，必然会产生油品中空气的析出和油品蒸发气化。气体积聚并可能窝存于管道中形成气袋和断流现象。在 f 点剩余压力过低还将造成离心泵的气蚀（将在第二节专题介绍）。而气泡能否积聚和窝存取决于管道条件和液体对它的携带能力。除了管道最高点容易积聚气泡外，实验表明，水平管段向下转弯处是最容易窝存气体的。如图 3－2 所示。

2．气候条件的影响

(1) 环境温度的影响

待卸罐车中油品温度的分布是不均匀的。株州石油储存研究所在研究分层卸油装置的

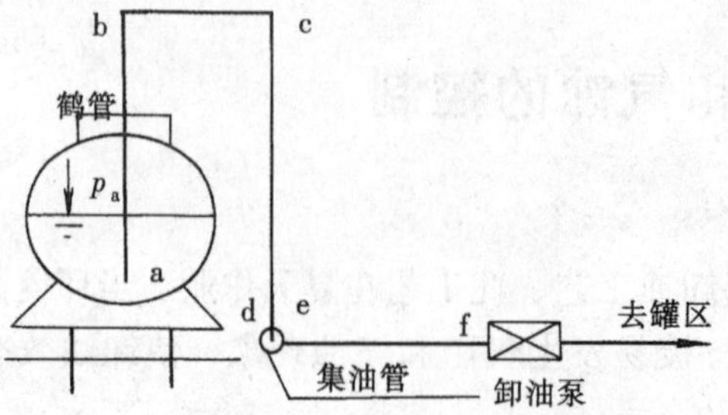

图 3－1　铁路罐车卸油工艺图

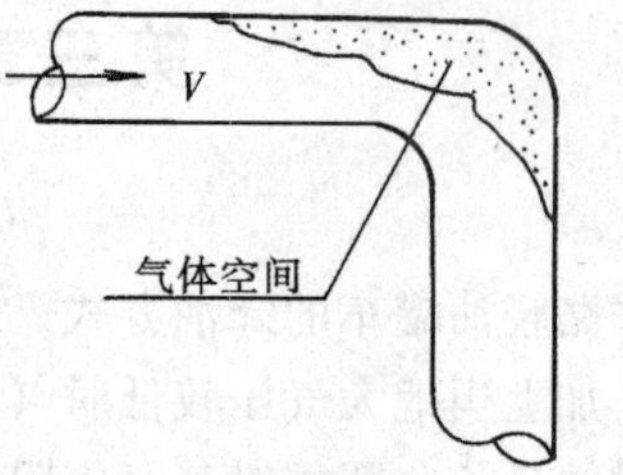

图 3－2　水平向下转弯管道气泡窝存示意图

试验中，对罐车中油温分布进行了实测。表 3－1 是实测的部分记录。数据表明，上层油温较高，它高出气温 4.5～20.5℃，高出底层温度 2.4～23.7℃，高出平均油温 7.6～15.1℃。目前铁路鹤管的卸油过程中油是自下而上流出，上层油随着下层油的卸出而渐渐落下，这样到卸油后期，油温高和位能低两个因素同时出现，很容易产生气阻现象。

表 3－1　待卸铁路油罐车中油温分布实测记录

序号	日期与时间	地点	气温/℃	汽油牌号	油温/℃ 上层油温 t_1	中层油温 t_2	底层油温 t_3	平均油温 t_4	平均温差 $t_5=t_1-t_4$	最大温差 $t_6=t_1-t_3$
1	1987－08－06－17:00	湖南湘潭某油库	37.0		45.2	36.8	36.8	39.2	5.6	8.4
2	1987－08－07－04:02			70号	37.4	35.0	35.0	35.8	1.6	2.4
3	1987－08－23－19:25			120号	41.6	36.6	35.5	37.9	3.7	6.1
4	1987－08－31－17:00		35.5		40.0	36.6	35.8	37.5	2.5	4.2
5	1988－06－04－15:00	湖南冷水滩某油库	36.5	70号	45.0	31.7	31.4	36.0	9.0	12.6
6	1988－08－04－19:00			70号	44.0	33.0	32.4	36.5	7.5	11.6
7	1988－08－07－15:29		36.0	90号	47.0	35.2	33.4	38.5	8.5	13.6
8	1988－06－05－16:20	江苏连云港某油库	26.2	70号	46.7	25.2	23.0	31.6	15.1	23.7
9	1988－06－06－16:30		26.1	70号	46.5	27.5	25.2	33.6	12.9	21.3
10	1989－06－20－12:30		26.0	70号	39.0	28.5	25.5	31.0	8.0	13.5
11	1989－07－24－13:30		33.0	90号	45.9	31.7	29.3	35.6	10.3	16.6
12	1989－07－26－16:20		27.1	90号	35.5	30.9	27.9	31.4	4.1	7.6
13	1989－08－01－15:40			70号	47.6	30.8	28.7	35.7	11.9	18.9
14	1989－08－08－10:57		29.3	90号	42.0	30.3	26.7	33.0	9.0	15.3

环境温度过高，将加快油品的蒸发气化。南方地区当环境温度在 38℃左右，即可发生明显的气阻现象。

(2) 大气压的影响

高原地区，当地大气压较低，由图 3-1 可知对鹤管的虹吸作用是不利的。同时还将加剧油品中溶解气体的析出和蒸发汽化，因此在同样的工艺条件和环境温度下，西北高原地区石油库的铁路卸油系统发生气阻的可能性大大高于平原地区。

3. 气阻的简易判定

表 3-2 为汽油、柴油、煤油和水 4 种液体在一定温度下的饱和蒸气压。

表 3-2　饱和蒸气压 p_t和温度的关系

温度/℃		0	10	20	30	40	50	65	70
饱和蒸气压/kPa	汽油	19.6	27.46	37.29	50.0	68.65	90.22		
	煤油				0.539	0.883	1.373	2.75	3.236
	柴油							0.539	0.686
	水	0.588	1.177	2.354	4.217	7.355	12.749		

如前所述，要防止气阻的产生，必须保证卸油管系（吸入系统）内任一点的剩余压力（绝对压力）大于油品的饱和蒸气压，即：

$$p_{sh} > p_t \tag{3-1}$$

式中　p_{sh}——管道内某一点的剩余压力，kPa；

p_t——油品在某温度下的饱和蒸气压，kPa。

把 p_{sh}、p_t用压头形式表示为：

$$H_{sh} > H_t \tag{3-2}$$

式中　H_{sh}——管道内某一点的剩余压头（$H_{sh} = p_{sh}/\rho g$），m 液柱；

H_t——饱和蒸气压头（$H_t = p_t/\rho g$），m 液柱；

ρ——密度，kg/m³。

H_{sh}可写成：

$$H_{sh} = H_a - \Delta Z - h_f \tag{3-3}$$

式中　H_a——大气压头，m 液柱；

ΔZ——计算点至铁路油罐车液面的标高，m；

h_f——从鹤管吸入口至计算点的水力摩阻损失，m。

式 (3-2) 中 $H_{sh} > H_t$ 是理论分析应达到的要求。实际上，产生气阻的条件比较复杂，除了前面分析的工艺条件和气候条件的影响外，铁路鹤管的密封条件，以及油品的组分变化，都将使气阻提前发生，使校核理论与实际偏离。即应对式 (3-1)、式 (3-2) 进行修正：

$$p_{sh} > p_t + \Delta p \tag{3-4}$$

$$H_{sh} > H_t + \Delta H \tag{3-5}$$

其修正值 Δp (ΔH)，有关专家推荐为 14~17kPa (2~2.4m 汽油柱)。

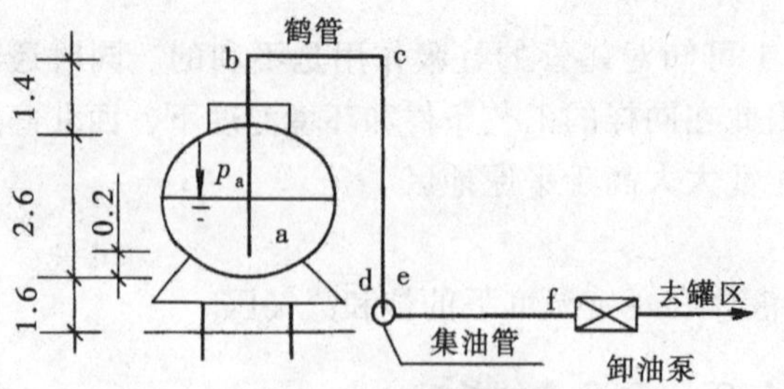

图 3-3　例题图

例：某石油库铁路卸油系统工艺流程图如图 3-3 所示。已知 $p_a = 101\text{kPa}$，$Q = 50\text{m}^3/\text{h}$，$\rho = 720\text{kg/m}^3$，$L_{ac} = 38\text{m}$（含六个弯头，一个进口，$DN100$ 铁路鹤管的水力坡降 $i = 0.037$）。求不发生气阻的允许最高油温。

解：c 点为最不利工况，以 c 点作为计算点。

$$\Delta Z_{ac} = 2.6 + 1.4 - 0.2 = 3.8\text{m}$$

$$h_{ac} = i \cdot L_{ac} = 0.037 \times 38 = 1.41\text{m}$$

$$H_c = H_a - \Delta Z - h_f = \frac{101}{720 \times 9.8} - 4 - 1.41$$

$$= 14.31 - 3.8 - 1.41 = 9.1\text{m 油柱}$$

$$p_c = 720 \times 9.1 \times 9.8 = 64.2\text{kPa}$$

修正值 Δp 取 14kPa，由式(3-4)得：

$p_t + \Delta p = 64.2\ \text{kPa}$

$\therefore\ p_t = 64.2 - 14 = 50.2\ \text{kPa}$

由表 3-2，采用内插法可求得：

$$t = 30 + \frac{p_t - p_{30}}{p_{40} - p_{30}} \times 10 = 30 + \frac{50.2 - 50}{68.65 - 50} \times 10 = 30.1℃$$

计算表明当铁路油罐车内油品快卸完，油品温度高于 30.1℃时，卸油系统将产生气阻。同理，当油罐车内油品为中间位置时，经计算发生汽阻的油品温度为 34.3℃。需要指出的是，上述计算结果是一个近似值。

4．气阻的危害

油品在管道内产生气阻是一个逐渐的变化过程。卸油初始，油罐车内油位较高，鹤管是满流的。如前述例题中表明，即使油品温度较高也可正常卸油，但随着液位下降，工况条件发生明显变化，管道内出现气泡并逐渐增多，气袋增大，流量减少，最后形成断流。

因此，管道内发生气阻时，将大大增加油罐车卸油时间，严重时无法正常卸油。

三、气阻的消除和控制

综合式（3-2）、式（3-3）和式（3-4）可知，消除或控制气阻的工艺（设备）都应满足以下不等式：

$$H_a - \Delta Z - h_f > H_t + \Delta H \qquad (3-6)$$

因此只要对不等式中的各因素进行有效调整，即提高 H_a、降低 H_t、ΔZ、h_f，以及降低 ΔH 值，这些都是消除和控制气阻的基本原理和方法。

下面简要介绍本系统正在使用和开发的用于消除和控制气阻的工艺设备。

1．真空辅助卸油系统

铁路油罐车卸油系统中辅设真空系统，其基本功用是给离心泵吸入系统灌泵和抽取油罐车底部的残油。然而，有些石油库在实际生产过程中，当鹤管发生气阻时，启动真空系统与离心泵同步工作，企望消除气阻的产生。这就是目前在石油库中普遍采用的真空辅助卸油系统。

这种工艺尽管在石油库应用很广，但从原理上讲却是一种不宜采用的工艺。

真空辅助卸油的前提条件必须是离心泵不发生气蚀，换句话也就是离心泵能维持正常的吸入真空。这样，在尚未并入真空系统，单独由离心泵卸油时，鹤管有3种工况：

(1) $H_{sh} > H_t$

管道内任一点的剩余压力较大，鹤管未产生气阻，卸油系统能正常工作。

(2) $H_{sh} \to H_t$

即管道内剩余压力接近或略低于油品饱和蒸汽压，鹤管将要或已经产生气阻，有气泡产生，但尚未完全阻塞，称为临界状态。

(3) $H_{sh} < H_t$

管道内的剩余压力小于油品的饱和蒸气压，鹤管已产生严重气阻，鹤管上部已形成气袋，称完全气化状态。

当并入真空系统后，对于上述3种状态进一步分析可得：

① 在（1）状态，真空系统的并入没有意义。

② 在（2）状态，并入真空系统联合卸油，设鹤管内流量由 Q 增加到 $Q+\Delta Q$，但此时 h_f 也增加到 $h_f+\Delta h_f$，从式（3-6）中可以看出这会增加油品在气阻点的气化。但由于真空系统是一种“强制”吸油方式，此时只要气化不太严重，会有一些油品通过真空系统吸入。由于整个铁路卸油系统均为离心泵的吸入系统，只要油泵不发生气蚀，真空系统的并入在一定程度上改善了泵的吸入性能。真空辅助卸油的卸油功用主要体现在这一工作过程中。

在临界状态，即 $H_{sh} \to H_t$ 时，真空系统的并入对克服气阻的效率并不高，其原因是卸油系统由于鹤管技术工艺方面诸多因素的作用，往往会产生提前气化现象（即前述的 Δp 的作用），再则真空系统的并入会加剧油品的气化速率，加快气阻的产生。在卸油现场实际操作中工人师傅需采用间歇卸油：油罐车内剩油不多时停止离心泵，用真空系统吸油后，再开离心泵。这时泵可以卸油，但只能维持较短时间。过一会又得停泵，开启真空系统。原因就是真空系统刚并入时可以把管道内的油气吸走，使离心泵满足工况要求，但随着时间的延长，油品气化加剧，当 $H_{sh} < H_t$ 时，气泡又积聚并窝存在管道高点形成气阻，离心泵只能再次停泵，重复操作。

③ 在（3）状态，$H_{sh} < H_t$，油品严重气化，真空系统的并入不但不能消除气阻，反而更加剧油品的蒸发。此时尽管泵机连续轰鸣，不但是卸油泵卸不下油品，就连真空系统也卸不下多少油品。

另外，在卸油系统已产生气阻，并入真空系统联合卸油时在现场还可观察到，真空系统引油后不久便会从吸入管中抽出大量气体，但这只是油流的剧烈气化，抽出的绝大部分并不是卸油管系中的气体，无助于卸油管系鹤管上部气化点气阻现象的消除。

真空辅助卸油将大大增加油品的蒸发损耗。

(4) 对真空辅助卸油系统的评价

① 真空系统可抽吸管道中的气体，在一定程度上（$H_{sh} \rightarrow H_t$，临界状态时）可以排除气阻。

② 真空系统与卸油管道连通后，增加了管道的真空度，使管道内剩余压力减少，加剧了油品的气化。同时，油流在真空系统的作用下表面蒸发和内部气化都很剧烈，大大增加了卸油过程的蒸发损耗。

③ 真空系统所作的功实际上消耗在强化油品蒸发和排除蒸发形成的油气上，这样的能耗对卸油系统而言是作了无用功。同时由于卸油过程中需交替频繁作业，虽能卸油，但时间较长，既增加了人力消耗，也增加了泵的能耗。

2．低气压辅助卸油

该方法是向油罐车内输入压缩空气（一般为 0.02MPa）来提高油面压力，从而改善了卸油系统管道的剩余压力，可从根本上防止气阻。

理论上分析，该法是提高式（3-6）中的 H_a 值。此法在我国长沙、西宁等地进行了试验，效果良好。国内有些民用机场一直沿用至今，未出现过问题。低气压辅助卸油不仅对改善离心泵的吸入工况、防止气阻、气蚀的产生具有明显的效果，而且还可以减少油品蒸发损耗，加快卸油时间，装置简单。但目前还没有推广应用的主要问题是：研究表明，压缩空气环境下产生静电的可能性明显增加，那么压缩空气进入油罐车后如何减少和导除静电？新鲜空气进入饱和蒸气环境，油气浓度逐渐下降，可能会产生爆炸范围上下限内的油气浓度，而此条件与静电的增加同时存在，是否具有足够的安全可靠性需要专门研究。其次，压缩空气的导入将加大油品的溶气现象，但空气溶解于油品中的量究竟有多大也是需要认真研究的。再次，就是罐盖的快速密封问题。我国油罐车车型杂、盖口规格多，必须有一个万能或都能适用的接口罐盖。目前很难设计出一种能适合各种车型罐口密封要求，同时又操作简单、安全可靠、经久耐用的密封盖。

3．分层卸油工艺

由表 3-1 可知，油罐车内油品温度上部、中间和下部变化很大。按传统的鹤管卸油方法，将鹤管插到罐车底部，首先卸出的是罐车底部油温较低的油品，而上层油温最高的油品却要到油位最低时才能卸出。从式（3-6）可以看出，位能的减少（ΔZ 增大）和油温的升高（H_t 增大）必将增大产生气阻的可能性。

分层卸油工艺便是根据顶层油品（高温油品）先卸，利用其本身的位能（相当于减少式（3-6）中的 ΔZ），以减轻或消除气阻。要实现分层卸油工艺，其关键是应设计出一种浮力大、局部水头损失小的浮筒，同时要求浮筒与鹤管灵活起伏，随着油位的下降，鹤管随浮筒也逐渐下降，最后卸下层温度较低的油品，由此达到分层卸油的目的。

4．卸槽泵卸油

卸槽泵又称潜油泵。是一种将小型离心泵安装在鹤管吸入口，浸没在油液下与卸油泵串联工作的设备。要求卸槽泵所提供的扬程不高，当油泵扬程大于 $\Delta Z + h_f$ 并考虑留有余量 ΔH［即 $\Delta p/(\rho g)$］时，便可使鹤管处于正压状态，完全消除气阻。

卸槽泵有 3 种型式：电动卸槽泵、气动卸槽泵和液压卸槽泵。电动卸槽泵由于强电进入爆炸危险区，人们出于对电机整体防爆性能的担心，没有在中石化销售系统得到广泛推广应用。气动卸槽泵需要专门压缩空气，泵体安装在鹤管吸入端，二根小口径管道沿鹤管两侧伸下与泵相连接，一根为进气管，另一根为排气管。其工作原理如同汽轮机，不过它是利用压缩空气带动叶轮旋转，泵提供的扬程能使鹤管在正压下工作。气动卸槽泵工作时噪音大，压缩空气也易泄漏，因此目前采用的石油库不多。

液压卸槽泵由液压马达、离心泵和液压站组成。

液压站是卸槽泵的动力源，由防爆电机、液压泵、溢流阀及油箱和管道附件组成。液压站把电能转换成液压能，压力油通过油管系统驱动液压马达。液压马达拖动离心泵运转，在液压作用下离心泵处于正压状态，离心泵在扬程作用下，鹤管卸油系统也处于正压状态，因而能有效地消除装置的气阻现象和卸油泵的气蚀现象。卸槽泵工作性能见表 3-3 所示。装置图及结构图见图 3-4、图 3-5 所示。

表 3-3　液压卸槽泵工作性能表

型　号	流量 $Q/(m^3/h)$	扬程 H/m	泵口径 D/mm
YQY45-5.8	45	5.8	90
YQY60-40	60	40	90
YQY100-5.5	100	5.5	90

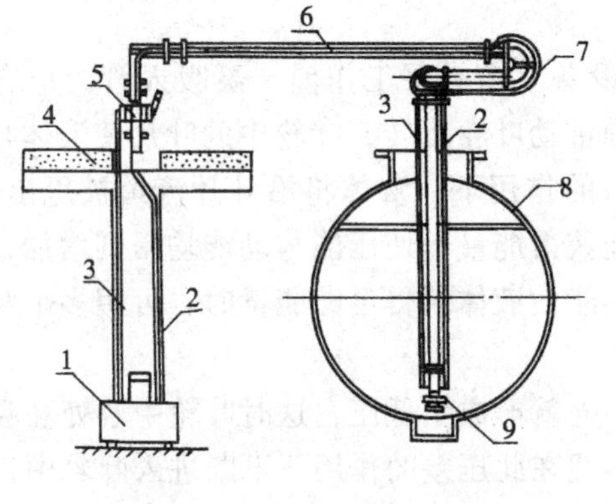

图 3-4　液压卸槽泵装置图

1—液压站；2—压油管；3—回油管；4—栈桥；5—操纵元件；6—鹤管；7—胶管；8—油罐车；9—卸槽泵

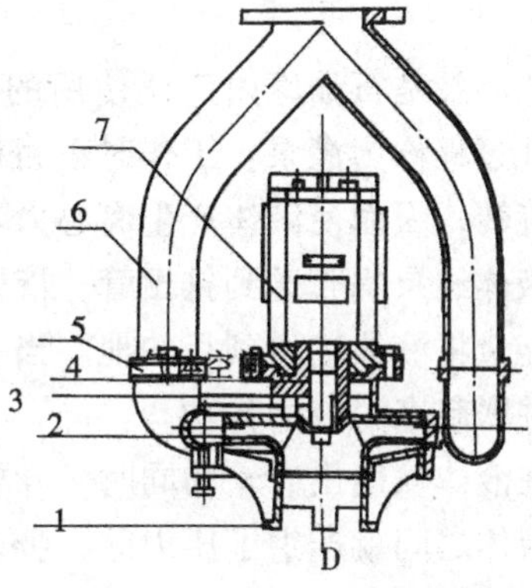

图 3-5　液压卸槽泵结构图

1—泵盖；2—叶轮；3—轴套；4—机械密封；5—泵体；6—输油管；7—电机

5．下部卸油

以上我们就鹤管气阻的产生及消除进行了多种讨论，而气阻产生的根本原因是因为油品必须从油罐车上部卸出。假如轻油罐车卸车与粘油罐车那样，从罐车下部卸油，那么目前在轻油罐车鹤管卸油方式中的种种困难都将不复存在。

轻油罐车下部卸油，应是最理想的方案，但由于轻油易燃、易爆、且渗透性强，要保证油罐车在高度机动且大范围运行中永久性的安全，将涉及社会诸多方面。多年来，有关人士一再呼吁解决它，但终因社会各部门意见不统一而难以实现。

6．降温法及改进鹤管形式

降温法是指避开白天高温天气，利用早晨、傍晚或晚上气温较低时进行卸油作业。其原理是可以减少公式（3-6）中的 H_t 值，延缓气阻的产生。但此法往往受铁路部门调度要求的限制，并且对改善一线工人的工作条件也不利。

降温法的另一种方法是指在高温天气作业时，对铁路油罐车淋水，强制降低油品温度，从而达到减少油品的蒸发损耗，延缓产生气阻的目的。但此法一会加剧罐车的锈蚀，二会浪费水资源，再则效果也不明显。

从工艺条件角度考虑，减少卸油系统的气阻，也可从改进鹤管结构形式着手：

(1) 改变铁路鹤管的结构形式

目前普遍采用的铁路鹤管，不论采取什么方式作为操作平衡，都大同小异。缺点是弯头多、活动接头处漏气点多，结构高大，作业范围受“龙车”编组影响，经常需要推车(牵引) 对位作业。如将鹤管改成固定式弯管，在站台上进行下部快速连接，可以缩短罐车人孔上方的管道长度，使翻越段更符合流体力学的要求。但关键是装卸油弯管的取送操作，由此可能要改变栈桥的形式。

(2) 增大卸油鹤管的管径

目前我国石化行业使用的装卸油鹤管，基本上都是4in，即 $DN100$ 管。若管径加大到 $DN150$，鹤管段阻力经计算可以降低6~8倍。这对改善卸油系统的工况，减少气阻的产生具有明显的作用。

第二节　气蚀控制

离心泵是石油库内广泛使用的油品输送设备。离心泵工作前，泵吸入管内应充满液体，此过程称为灌泵。工作时动力机通过泵轴带动叶轮旋转，叶轮中的叶片使液体与叶轮一起旋转，因而使液体产生离心力。在离心力的作用下，液体将沿叶片流道被甩出叶轮，然后液体经泵蜗壳送到排出管。液体从叶轮处获得能量，使压能与动能均得到增加，并依靠此能量将液体输送到目的地。当一个叶轮不能使液体获得足够能量时，可用多个叶轮串联或并联起来对液体作功。

在液体被甩出叶轮的同时，叶轮入口中心处就形成了低压，这时叶轮中心处和吸入管内的液体之间就产生了压力差，吸入管内液体便在此压差的作用下不断进入叶轮中，以补充被排出的液体。这样，叶轮在旋转过程中，一面不断地吸入液体，一面又不断地给吸入的液体以一定的能量，将液体排出，使离心泵连续不断地工作。

一、气蚀的产生

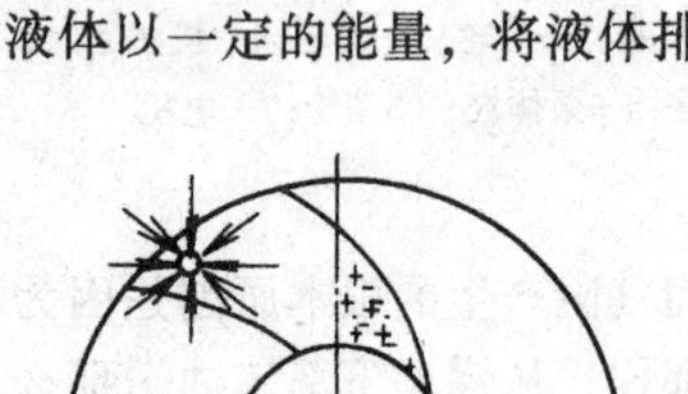

图3-6　气蚀现象

从上述离心泵工作原理中可以看出，离心泵工作时，在叶轮入口处压力要低于吸入液面的压力（如大气压或油罐内气相压力)，这样后续液体才能不断进入泵内。叶轮入口处压力越低，泵的吸入能力越大，换言之泵的吸入性能越好。但叶轮入口处的压力降到某一极限值以下时（液体在输送温度下的饱和蒸气压 p_t)，离心泵将因液体气化出现气蚀现象。气蚀原因如图3-6所示。

1. 气泡的形成及破灭

油品先进入叶轮的入口，然后进入叶轮的低压区（K断面处)，当此处的压力低于输送温度下油品的饱和蒸气压时，油品就会气化形成小气泡，原先溶解在油液中的空气将被析出，油品中夹带的空气泡也会逸出。

随着叶轮流道截面的增大，油品流速下降，动能下降，压能增大，形成高压区。油品中的气泡随油品流到叶轮高压区时，由于气泡内是气化压力，而高压区的液体压力总是高于这个气化压力，那么气泡在四周高压作用下发生破裂，重新凝结，体积缩小，气泡所占处好像形成了一个个空洞。

2．气泡对叶轮的冲击及腐蚀

由于空洞的存在，周围的高压液体以很高速度冲向这个空穴，液体质点互相撞击，产生很高的局部压力。如果这些气泡是在叶片表面附近破裂并凝结，则液体质点就像无数小弹头一样，连续打击在叶片表面上。这种冲击速度很快，频率又高，可达600～2500次/s，叶片表面会因疲劳而破坏，产生“剥蚀”，造成叶轮重心不平衡。另外，在所产生的气泡中还有一些活泼气体（如氧气），借助气泡凝结时放出的热量，对金属起化学腐蚀作用。化学腐蚀与机械剥蚀的共同作用，更加快了离心泵叶轮叶片的损坏速度。

二、气蚀的危害

1．噪音与振动

离心油泵发生气蚀的明显征象是发出“噼噼啪啪”爆裂声响，像有小石块打在叶轮上，气蚀严重时，发出的声响像飞机尖锐的啸叫声，并伴随着机组的剧烈振动。

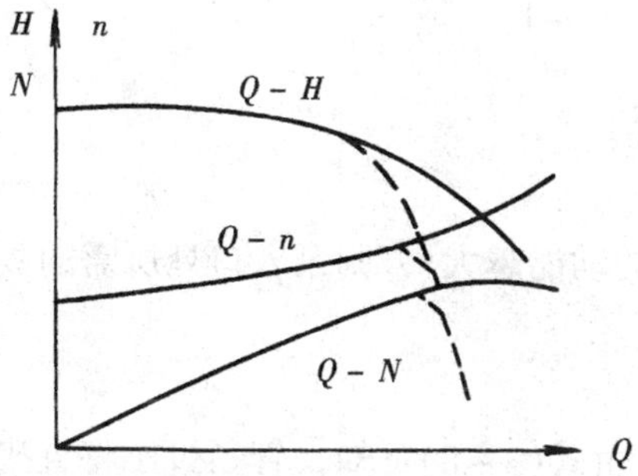

图3－7　泵在发生气蚀时的性能曲线
实线为正常运转时的性能曲线
虚线为发生气蚀时的性能曲线

2．离心泵性能下降

离心泵刚开始气蚀时，气蚀区域较小，对泵的正常工作没有明显影响，泵的性能也没有明显变化，但当气蚀发展到一定程度时，气泡大量产生，影响液体的正常流动，甚至造成断流现象。此时泵的性能曲线发生明显变化，泵的工作性能急剧下降，如图3－7所示。

3．对泵结构的危害

离心泵在严重的气蚀状态下运行时，发生气蚀的部位很快被破坏成蜂窝状或海绵状。这在检修油泵时经常可发现叶轮的叶片出现麻点、凹坑、甚至穿孔，而且这些现象的产生将很快破坏叶轮的平衡重心，转子受力不平衡，更加剧离心泵运行时的异常振动。

三、产生气蚀的外界因素

1．离心泵的吸入系统

由前述的讨论可知，要使离心泵正常工作，必须保证泵叶轮入口处的压力小于吸入液面的压力。例如用离心泵抽水，设离心泵吸入口处为绝对真空，管内水力损失为零，液面压力为一个大气压时，则水能够沿吸入管道上升10.33m。但是泵吸入口不可能达到绝对真空，当叶轮吸入处的压力接近水的饱和蒸气压时，就会发生气蚀而吸不上液体。所以当吸入液面的压力为大气压时，离心泵抽水的几何吸上高度（即离心泵安装高度）是达不到 10.33m 的。离心泵吸入系统如图 3－8 所示。

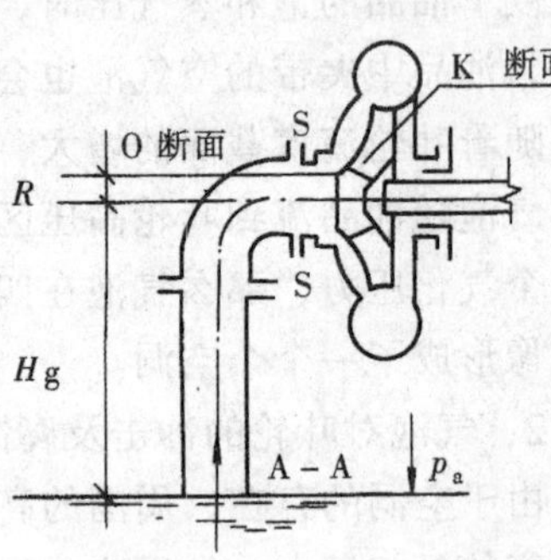

图 3－8　离心泵吸入系统图

离心泵入口处的吸上真空高度（用 H_s 表示），不仅与泵几何安装高度 H_g 有关，而且还与吸入口的油品流速、吸入管道的水力损失及液面压力有关。可用式（3－7）表示。

$$H_s = H_g + \frac{v_s^2}{2g} + h_w \tag{3-7}$$

式中　H_s——泵入口处的真空度，m 液柱；

H_g——泵安装高度，m；

v_s——液体在吸入管道内的流速，m/s；

h_w——吸入管水力损失，m 液柱。

由式（3－7）可知，H_s 不可能大于离心泵的允许吸上真空高度［H_s］（［H_s］为离心泵最大吸上真空高度 $H_{smax}-0.3$m），否则因液体汽化使离心泵产生气蚀，无法正常吸入。

(1) 离心泵安装高度不应过大

由式（3－7）可知，H_g 越大，要使离心泵正常工作，需要的泵入口真空度也相应增大。离心泵的允许安装高度可由下式决定：

$$[H_g] = [H_s] - \left(\frac{v_s^2}{2g} + h_w\right) \tag{3-8}$$

式中　［H_s］——离心泵允许吸上真空高度，m 液柱。

(2) 油品流速不宜过快

离心泵吸入系统管道内油品的流速越大(即油品的动能越大)，则泵入口处所需的真空度也越来越大。

(3) 吸入管不宜过长

吸入管过长或管径过小也将导致离心泵的气蚀。由式(3－8)可知，管径过小将直接导致油品流速的增大，同时还会增加吸入管道的水力损失。因此在实际应用中，铁路卸油泵房的设置在满足防火安全距离的条件下，应尽可能靠近铁路栈桥。在石油库我们也可以经常看到离心泵吸入管径要大于排出管径。

2．大气压与油品温度的影响

离心泵生产企业确定[H_s]值是在大气压 101.33kPa（760mmHg），液体温度为 20℃时以清水试验得出的。如果泵使用地区的大气压、液体温度和密度发生变化，则应对［H_s］进行修正。

$$[H_s]' = [H_s] - 10 + \frac{p_a - p_t}{\rho g} \tag{3-9}$$

式中　p_a——泵使用地区的大气压，kPa；

p_t——输送温度下液体饱和蒸气压，kPa；

ρ——输送温度下液体密度，kg/m^3。

由式(3-9)可知，泵使用地大气压较低(如西北高原地区)，以及油品温度升高使油品蒸发加快，提前形成饱和蒸气压，都将导致$[H_s]'$的下降，结果是离心泵的气蚀提前产生。生产实际中表现为同型号同规格安装结构完全相同的二台离心泵，在同一油品温度下，离心泵安装在东部沿海和平原地区可以正常工作，而在西北高原地区离心油泵将发生气蚀，无法正常工作。

四、离心泵气蚀的简易计算

1. 气蚀余量

离心泵几何安装高度只涉及泵的吸入管段的情况，而 $[H_s]$ 虽是一个表达泵吸入性能的参数，但 $[H_s]$ 值只规定了泵不产生气蚀的外部条件，两者都没有揭示离心泵本身结构与气蚀在本质上的联系。

(1) 有效气蚀余量 Δh_a

油品进入泵叶轮内，其压力最低点不在泵的入口处，而是在叶轮流道内的某一点（假设为 k）。如 k 点的压力 p_k 等于该处液体的饱和蒸气压 p_t 时，就会引起气蚀。

k 点的位置是很难确定的。它将随着流量的变化而变化。换句话说很难预测泵什么时候什么条件下发生气蚀。因此常常用泵入口处的参数来间接表达气蚀条件。Δh_a 就是泵入口处液体所具有的水头能量。大小为除了用于消耗液体从入口处至 k 点的水头能量损失外，还应略大于油品的饱和蒸气压。

$$\Delta h_a = \frac{p_s}{\rho g} + \frac{v_s^2}{2g} - \frac{p_t}{\rho g} \tag{3-10}$$

式中 p_s——泵入口处液体的压力，kPa；

v_s——泵入口处液体的流速，m/s；

p_t——油品的饱和蒸气压，kPa。

Δh_a 也可用泵装置特性来表示：

$$\Delta h_a = \frac{p_a - p_t}{\rho g} - H_g - h_w \tag{3-11}$$

式中 H_g——泵安装高度，m；

h_w——吸入管段水力损失，m 液柱。

(2) 允许气蚀余量 $[\Delta h_r]$

由泵的结构决定，表示油品从泵入口至叶轮流道内能量最低点的全部水头能量损失，用 Δh_r 表示，也称必需气蚀余量。

当 $\Delta h_a > \Delta h_r$ 时，表示油品流到叶轮内压力最低点时，其压力还高于液体的饱和蒸气压 p_t，而不致使油品气化，即离心泵不会发生气蚀；反之，当 $\Delta h_a < \Delta h_r$ 时，则表示泵入口处的富余能量不足，当油品流到叶轮内最低压力点时，其压力已低于油品的饱和蒸气压，液体已气化，泵将发生气蚀；当 $\Delta h_a = \Delta h_r$ 时，表示已处于气蚀临界状态。

为了保证离心泵正常运转，不发生气蚀，对于泵必需的气蚀余量还应考虑一个安全量，作为泵的气蚀余量。这个安全量一般取 0.3m 液柱。用 $[\Delta h_r]$ 表示允许气蚀余量。即：$[\Delta h_r]=\Delta h_r+0.3$。

从保证离心泵安全可靠工作的角度出发，判断离心泵是否发生气蚀时，可直接引用 $[\Delta h_r]$。于是：

$\Delta h_a \geqslant [\Delta h_r]$ 时，离心泵不会产生气蚀，

$\Delta h_a < [\Delta h_r]$ 时，离心泵将发生气蚀。

(3) $[\Delta h_r]$ 与泵安装高度的关系

经理论推导，离心泵允许安装高度 $[H_g]$ 与允许气蚀余量 $[\Delta h_r]$ 间的关系为：

$$[H_g]=\frac{p_a-p_t}{\rho g}-[\Delta h_r]-h_w \tag{3-12}$$

(4) $[H_s]$ 与 $[\Delta h_r]$ 的关系

允许吸上真空高度 $[H_s]$ 与允许汽蚀余量 $[\Delta h_r]$ 的关系，在常温常压下，可按下式换算：

$$[H_s]=\frac{p_a-p_t}{\rho g}-[\Delta h_r] \tag{3-13}$$

对于水，上式可简化为：

$$[H_s]=10-[\Delta h_r] \tag{3-14}$$

$[H_s]$、$[\Delta h_r]$ 与流量 Q 间的关系如图 3-9 所示。

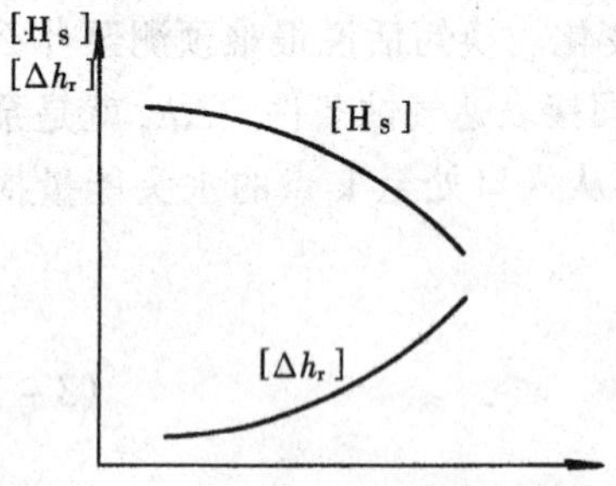

图 3-9　Q 与 $[H_s]$ 及 $[\Delta h_r]$ 的关系曲线

例：用 100Y-60 型离心油泵输送汽油。已知 $\rho=730\text{kg/m}^3$，油品饱和蒸气压为 45kPa，吸入管阻力损失 $h_w=1.1$m，油泵安装高度 $H_g=3$m，大气压 $p_a=101$kPa，试判断离心泵是否发生气蚀？

解：判断离心泵不发生气蚀的条件是：

$$\Delta h_a \geqslant [\Delta h_r]$$

从泵样本可查得 100Y-60 油泵的 $[\Delta h_r]=4.8$m，由公式（3-11）

$$\Delta h_a=\frac{p_a-p_t}{\rho g}-H_g-h_w=\frac{(101-45)\times 10^3}{730\times 9.81}-3-1.1=7.80-3-1.1=3.7\text{m}$$

因为 $\Delta h_a < [\Delta h_r]$，所以泵将发生气蚀。

五、气蚀的控制

提高离心泵抗气蚀性能最有效的办法是改进泵结构。比如采用双吸叶轮；增大叶轮流道宽度，提高叶轮机械加工精度等。然而作为石油库是油泵使用者而非制造者，因此气蚀的控制应从离心泵装置外特性中加以考虑。

1．减少吸入系统阻力

由公式（3-11）可知，Δh_a 越大，离心泵的抗气蚀性能越好。公式中反映吸入系统

的参数为 H_g 和 h_w。

(1) 降低离心泵安装高度

由公式（3-11）Δh_a 的表达式中可知，H_g 越小越好，当 H_g 为负值时更理想，工程上将 H_g 为负值时称为离心泵灌注头，即泵入口处位置低于吸入液面。

在石油库设计和技术改造时，应尽可能做到把油泵房建在库内地势较低位置，这样可以降低离心泵安装高度 H_g，甚至有灌注头存在，这对提高离心泵的抗气蚀性能是十分有利的。

(2) 减少吸入系统水头损失

h_w 为离心泵吸入管段的水头损失。减少 h_w 的方法有：

① 加大吸入管段直径。在实际工程中表现为吸入管段直径明显大于排出管段。但必须注意，在装有底阀的管道中（如消防泵吸入管道），过大的管径将导致管道内液体的流动速度过小（动能过小）而无法打开底阀。

② 减少吸入管段的长度。管道越长，h_w 的值将越大。这里也包括吸入管段的管道附件如弯头、三通、过滤器等应尽可能少些为好。

③ 减少液体在管道内的流速。流速越大，油品在管道内流动的阻力也越大。

2. 离心泵的安装

用 $[H_s]$ 和 $[\Delta h_r]$ 表示的离心泵允许安装高度表达式分别为：

$$[H_g] = [H_s] - \left(\frac{v_s^2}{2g} + h_w\right) \tag{3-15}$$

$$[H_g] = \frac{p_a - p_t}{\rho g} - [\Delta h_r] - h_w \tag{3-16}$$

显然，离心泵的安装高度与当地大气压、油品输送温度、油品密度和泵吸入管段的水力损失有关。

3. 气蚀与气阻的关系

离心泵的气蚀与气阻密切相关。当铁路卸油鹤管发生气阻或即将发生气阻时，离心泵已发生严重气蚀。其原因是整个铁路卸油系统均为离心泵的吸入管段，而吸入管段压力最低点在泵叶轮处。因此铁路卸油系统中任一点剩余压力低于油品的饱和蒸气压，油品气化并在管道高处产生油气积聚形成气阻时，离心泵已发生严重气蚀。

离心泵发生气蚀时吸入管段不一定发生气阻。

第四章 泵的泄漏与密封

石油库中使用的泵主要有两大类：一类为离心泵，如普通 Y 型油泵、自吸式离心泵、管道泵等，用于输送汽油、煤油、柴油等轻质油品；另一类为容积泵，如螺杆泵、齿轮泵，少数老油库还有往复泵，用于输送各种润滑油。由于润滑油粘度较大，输送过程中泄漏相对较少，因此本讲主要讨论离心泵的泄漏与密封。

第一节 离心泵过流部件及泄漏

一、过流部件

离心泵的过流部件是指叶轮、吸入室、压出室（蜗壳）三部分。

1. 叶轮

离心泵所采用的叶轮，绝大多数是后向叶片的叶轮，常用叶片数目为 6～12 片，叶片出口安装角为 15°～40°，石油库中使用的离心泵叶片出口安装角为 20°～30°。按叶轮结构分为闭式、半开式和开式三种。如图 4－1 所示。

图 4－1 叶轮的分类

1—开式；2—半开式；3—闭式

(1) 闭式叶轮

闭式叶轮，具有前盖板和后盖板，流道是封闭的。这种叶轮适用于输送高扬程、杂质较少的液体。由于吸入口和排出口同壳体之间有口环密封，从出口返回入口的液体泄漏量小，故效率高。石油库内使用的离心泵均采用闭式叶轮。

(2) 半开式和开式叶轮

半开式叶轮，叶轮只有后盖板，流道是半开启的。这种叶轮适用于输送固体颗粒和杂质较多的液体，但液体的内部泄漏量较大，故效率较低。

开式叶轮，这种叶轮既无前盖板，也无后盖板，流量完全敞开，常用来输送浆状或糊状液体。

半开式和开式叶轮的离心泵，石油库内极少使用。偶尔可见清洗油罐时用来抽吸底部污油。

2．吸入室

吸入室位于叶轮进口前，其作用是把吸入管内的液体以最少损失均匀地引向叶轮。吸入室的结构对液体进入叶轮的流动情况有很大影响，并将影响离心泵的气蚀性能。

3．（蜗壳）压出室

压出室是离心泵的换能装置。对压出室的要求是以最小的能量损失将从叶轮中流出的高速液体收集起来，引向排出口或次级叶轮入口。液体在刚流出叶轮时速度较大，为了减少后面管道的摩擦阻力损失，在将液体送到排出管道以前必须将液体的流速降低，将部分动能转变为压能。

压出室不但对离心泵性能有明显影响，而且如果压出室与叶轮配合不良，可使离心泵产生振动而无法工作。

二、离心泵的泄漏

离心泵的泄漏分内泄漏和外泄漏，如图 4－2 所示。

1．泄漏部位

（1）内泄漏

叶轮工作时，叶轮出口处及其附近空间压力明显高于叶轮入口处的压力。同时，由于结构上还有运动部件和固定部件之分，这两种部件间存在缝隙，于是部分液体从高压区通过缝隙回漏到低压区。另外，还有部分液体通过为平衡轴向力而设置的平衡孔，也可认为是一种内泄漏。

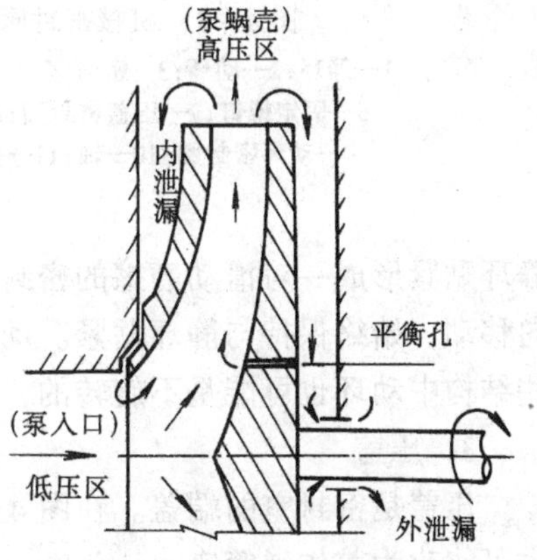

图 4－2　泵的泄漏

离心泵内泄漏造成一定的能量损失。

（2）外泄漏

离心泵的外泄漏是指高压液体通过叶轮转轴与泵体间的缝隙流出泵体外造成泄漏。外泄漏不仅造成离心泵能量的损失，更严重的是泄漏的油品将污染泵房地面和空间，甚至形成爆炸性气体混合物，因此必须加以控制或堵绝。

2．泄漏对泵工作性能的影响

离心泵的泄漏损失将造成容积效率的下降。其下降的值约为 5%～15%，小流量高压（高扬程）泵尤为明显。它使流量下降，扬程减少，离心泵总效率下降。在离心泵特性曲线上表现为 $H-Q$ 曲线和 $\eta-Q$ 曲线下移。

当离心泵输送低粘度介质时，离心泵内泄漏将加剧口环密封的磨损。

离心泵产生外泄漏，在旋转的泵轴和固定的泵体间设置轴封，可以减少泵内高压液体流向泵外，也可防止空气侵入泵内。常用的轴封有填料密封、机械密封等。目前在石油库内广泛采用的是机械密封，填料密封已很少使用。

第二节 机械密封装置

一、机械密封的构成

机械密封结构种类繁多，其典型结构如图 4－3 所示。机械密封一般由下列部件组成。

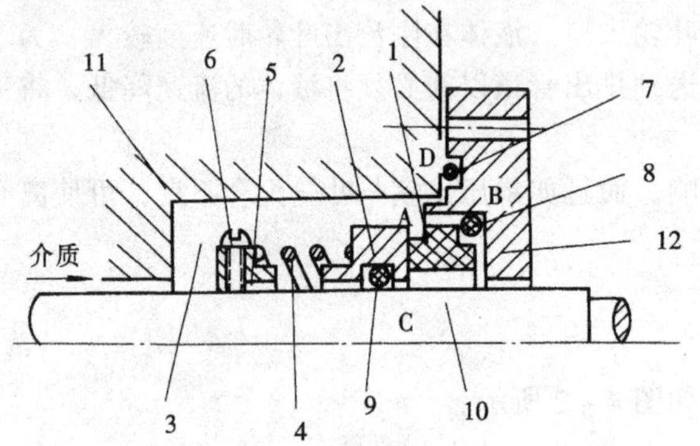

图 4－3　机械密封原理图

1—静环；2—动环；3—密封室；4—弹簧；5—弹簧座；6—固定螺钉；7—压盖密封圈；8—静环密封圈；9—动环密封圈；10—轴；11—壳体；12—压盖

1．静环

静环是不能作轴向移动的密封环。它可以是如图 4－3 那样固定在压盖上不随轴旋转的；在另一些结构中静环也可能是固定在轴套上而随着轴一起旋转的密封环，但不能作轴向移动，也不与弹簧联结。一对摩擦副必须由一个可以作轴向移动的动环和另一个不能作轴向移动的静环组成，当然，其中一个是旋转的，另一个是不旋转的。

2．动环

动环就是可以作轴向移动的密封环。在弹簧力的作用下，动环向静环贴紧形成一对滑动磨擦的密封端面。在密封端面逐渐磨耗的情况下，动环及时地作轴向移动，始终保持与静环贴紧。动环可以是如图 4－3 所示那样随轴一起旋转的；在另一些结构中动环也可能是不旋转的，但能在弹簧的推动下作轴向移动。

3．压盖

压盖是密封室的端盖。在图 4－3 中它又兼作静环的安装座；在另一些结构中，压盖也可能改为兼作弹簧座。

4．弹性元件

为了使动环紧贴在静环上，必须有弹性元件对动环施加轴向推力。图 4－3 中的弹性元件可以是一个大直径的圆柱形螺旋形弹簧；在另一些结构中，弹性元件可以是几个小直径的螺旋弹簧。

5．动环密封圈

动环与轴向滑移面之间必须有密封圈。在图 4－3 的结构中，动环密封圈是 O 型或 V 型聚四氟乙烯密封圈。在另一些结构中，也可用四氟乙烯或金属的波纹管代替动环密封圈的作用。

6．辅助密封圈

在图 4－3 中所示的压盖与壳体端面之间、静环与压盖之间均需要装设密封圈。由于这些泄漏点均属于静密封点，故采用一般的 O 型橡胶密封圈或聚四氟乙烯密封圈就可以达到满意的密封效果。

二、密封原理

从图 4-3 所示的机械密封原理图看出，可能产生泄漏的只有 4 处：B 点，是静环与压盖之间的接触，这是一种静密封，可以用有弹性的密封圈置于静环与压盖之间，用螺栓固紧；C 点，动环和轴之间，因为轴和动环一起转动，所以这也是一种静密封，可安装 O 型或 V 型密封圈，然后用推压环压紧达到密封目的；D 点，泵体与压盖之间的接触，属于静密封，可用 O 型密封圈密封；A 点，是动环与静环的接触面，在动环高速转动下既要求密封性好，又要求耐磨性高，它是机械密封装置中的关键部件。

机械密封是把容易泄漏的轴向密封，转变成难以泄漏的静密封和端面密封。静密封是比较容易实现密封目标的，下面主要来分析端面间是怎样实现密封的。

图 4-4 所示端面间有间隙，在间隙内有一层油膜，这层油膜有一定压力 p_o（不是处处相同，靠近泵轴侧为最小），它的作用是企图分开动静环的贴合。另外在动环的另一侧作用一个弹簧压力 p_s 及介质压力 p_m，这两个力促使动环紧贴静环。那么通过调节弹簧的推力，可使机械密封的起码条件得到满足。这个条件为：

弹簧压力（p_s）+ 介质压力（p_m）> 油膜压力（p_o）

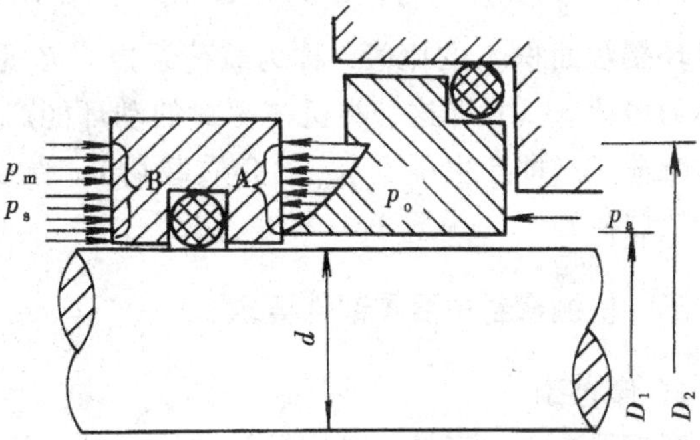

图 4-4　动静环受力分析

为便于讨论问题，令：

$$p = p_s + p_m - p_o \qquad (4-1)$$

式中的 p 称为压紧力，就是大于油膜压力 p_o 的数值。为进一步描述动静环的压紧程度，可采用端面比压 p_b 来评价密封的好坏。

$$p_b = \frac{p}{A} = \frac{p}{\frac{\pi}{4}\left(D_2^2 - D_1^2\right)} \qquad (4-2)$$

式中　D_2、D_1 的含义见图 4-4 所示，$A = \pi\left(D_2^2 - D_1^2\right)/4$ 为动静环的接触面积。

根据实践经验的总结，只要 p_b 满足式（4-3）的要求，即可达到较好的密封效果。

$$p_b \geqslant 0.15\left(\frac{p_m}{\mu}\right)^{\frac{2}{3}} \qquad (4-3)$$

式中　μ——油品动力粘度；

p_m——介质压力，kPa。

由于 p_o 为不均分布压力，且包含动静环摩擦副间的摩擦阻力，因此 p_b 计算比较复杂，可用经验式计算。

$$p_b = \frac{p_s}{A} + (K - \lambda)p_m - \frac{F_t}{A} \qquad (4-4)$$

式中 K——载荷系数；

λ——反压系数，也称摩擦副端面间油膜压力的平均系数；

F_t——动环密封圈与轴的摩擦阻力，经验表明，$F_t \approx d$，d 为以 cm 为单位的轴直径。

另外还定义：

$$K = \frac{B}{A} = \frac{D_2^2 - d^2}{D_2^2 - D_1^2} \qquad (4-5)$$

式中的 $B = \frac{\pi}{4}(D_2^2 - d^2)$，$B$ 为弹簧压力 p_s 作用面积。K 即为弹簧压力 p_s 作用面积 B 与动静环接触面积 A 的比值，称为载荷系数。K 是机械密封分类的重要技术指标，当 $K > 1$ 时称为增荷式（意即这一类机械密封的动环能产生大于 p_m 的介质载荷）；当 $0 \leqslant K \leqslant 1$ 时称为减荷式（即产生小于 p_m 的介质载荷）；当 $K < 0$ 时称反荷式（即产生反抗摩擦贴紧的介质载荷）。

三、机械密封主要零部件要求

1. 摩擦副

摩擦副是机械密封装置的最关键的一对零件。它是由两个具有对立特点的环组成：一个是能作轴向移动的动环，另一个是不能作轴向移动的静环；一个是材料硬度较大的硬环，一个是材料硬度较小的软环；一个是端面较宽的宽环，一个是端面较窄的窄环。当然，动环可以是旋转的，也可以是不旋转的。动环可以用硬环充当，也可以用软环充当。但是硬环却一定是端面宽的，软环也一定是端面窄的。

（1）对摩擦副的要求

摩擦副在工作时必须严密不漏，长期耐磨。欲达到此目的，除了正确地设计其接触端面的直径 D_1 及 D_2 外，还要正确地选用硬环和软环的材料。

① 对硬环的要求。要使摩擦副耐磨不漏，要求硬环材料有很大的硬度，其维氏硬度值应大于 180~450，越硬越好。常用的硬环材料有 YG 合金（俗称碳化钨）、陶瓷、不锈钢端面堆焊铬基硬质合金，表面硬化的碳钢、高硅铸铁等。

硬环端面必须具有很好的平直度，才能使摩擦副的接触端面在运行过程中始终保持不漏，其端面的不平度应小于 1μm。因此硬环的端面必须经过研平，并采用光学干涉法进行检查，要求端面上的干涉光圈不多于 3 圈，如果干涉带是等距的平行条纹，证明端面平直度满足要求。

硬环的摩擦端面必须具有较小的表面粗糙度，才能保证对软环的磨损极微。通常要求硬环端面应有 $\overset{0.1}{\bigtriangledown}$ ~ $\overset{0.025}{\bigtriangledown}$ 的表面粗糙度，因此硬件在经过研平加工后还必须进行精细抛光。

硬环的摩擦端面应比软环稍宽，这样才能保证软环在被磨耗的过程中始终保持端面有很好的平直度，才能与硬环端面严密接触，保持不漏。

② 对软环的要求。为了在运行中长期不破坏硬环的平直度和光洁度，要求软环材料的硬度小于硬环材料的硬度，而且软环材料还应有自润滑性或具有在端面间保持润滑液膜的表面性能。常用的软环材料有石墨、青铜、四氟乙烯等，在特殊情况下还可采用 YG 合金或陶瓷。

软环也应有不大于 1μm 的不平度，才能保证在跑合期内不漏，但软环端面的表面粗糙度只要求 $\overset{0.2}{\bigtriangledown}$ ~ $\overset{0.1}{\bigtriangledown}$ 即可。

软环端面必须窄于硬环的端面宽度，只有这样，运行磨耗过程中，硬环才不会在软环的端面上磨成凹槽。

③ 对硬环和软环的其它共同要求。摩擦副材料必须有良好的耐腐蚀性，以保持摩擦副的端面应有的表面粗糙度。例如碳钢不耐酸和碱；浸渍酚醛树脂的石墨不抗碱，浸渍环氧树酯的石墨不抗酸。

摩擦副的端面工作温度应在材料的许用温度范围内。例如浸渍环氧树脂的石墨，其工作温度应低于 150℃，以免树脂焦化；填充四氟乙烯的工作温度应低于 200℃，以免其刚性小而变形。

摩擦副材料应有良好的导热性，以便及时传散摩擦端面的摩擦热，避免造成端面温度过高的现象，因此摩擦副应尽量选用导热性好的材料。常用的摩擦副材料中，导热性从好到差的次序是：石墨、YG 合金、青铜、钢、铸铁、堆焊用硬质合金、陶瓷、四氟乙烯。摩擦副的端面太宽也是摩擦热散发不良的原因之一。

摩擦副的材料及结构应有足够的刚性，以免动环或静环在介质压力作用下而变形。即使摩擦副端面产生几 μm 的变形，也会引起端面间泄漏量大增。因此，摩擦副材料应选用其弹性模量数较大的。在常用的摩擦副材料中，弹性模量从大到小的次序是：YG 合金、钢、铸铁、青铜、陶瓷、石墨、四氟乙烯。软环端面太窄也是摩擦副刚性不足的原因之一。

表 4-1 推荐的软环宽度，就是综合地考虑了刚性、导热和耐磨性的经验数据。

表 4-2 列举了常用摩擦副的各种性能参数。

表 4-3 列举了常用摩擦副材料的适用范围。

④ 摩擦副的材料配对。正确地选用摩擦副的材料，在实际工作中作用很大。下面介绍在不同密封介质中摩擦副材料配对的基本原则。

表 4-1　摩擦副软环的端面宽度 *b*　　单位：mm

	d	16，18，20 22，25，28	30	35	40	45	50	55	60	65	70	75	80	85，90 95，100	110 120
软环材料	石　墨	3	4			5			5.5			6			
	四氟乙烯	3	4			5				5.5					
	Y　G	2	2.5								3				3.5
	青铜	2	2.5								3				3.5

表4-2 摩擦副常用材料性能表

材料		HV硬度	最高工作温度/℃	弹性模量 E/($N/m^2 \times 10^{10}$)	线膨胀系数 α/(℃$\times 10^{-6}$)	脆性
硬环材料	铸铁	180	300	12	11	
	高硅铸铁	450	300	15	4.7	较脆
	中碳钢	450	300	21	12	
	铬质堆焊硬质合金	500	500	15	15	较脆
	陶瓷	1400	500	8	4	很脆
	YG合金	1500	600	55	5	较脆
软环材料	石墨浸渍环氧树酯	35	170	4	10	很脆
	石墨浸渍呋喃树脂	35	200	4	10	很脆
	石墨浸渍酚醛树脂	35	170	4	10	很脆
	石墨浸渍巴氏合金	25	150	4	7	很脆
	石墨浸铝	25	400	6	7	很脆
	石墨浸铜	25	400	6	7	很脆
	磷青铜	100	300	11	18	
	填充四氟乙烯	15	200	0.06	120	

表4-3 摩擦副材料的适用范围

摩擦副材料		适用范围	耐磨性	成本	不适用介质	适用温度
硬环材料	铸铁碳钢	润滑性较好介质	差	便宜	腐蚀性及含固体颗粒介质	<300
	堆焊硬质合金	大部分介质	一般	较贵	含固体颗粒介质	<500
	陶瓷	大部分介质	好	贵	氢氟酸	<500
	YG合金(碳化钨)	大部分介质	很好	昂贵	强氧化性酸	<600
软环材料	浸树脂石墨	大部分介质	很好	便宜	对石墨及浸渍有严重腐蚀性的介质，含固体颗粒介质	<170
	浸巴氏合金石墨					<150
	浸铝石墨					<400
	浸铜石墨					<400
	磷青铜	润滑性较好介质	好	贵	腐蚀性及颗粒介质，无润滑性介质	<300
	填充四氟乙烯	硫酸等强腐蚀介质	差	较贵		<200

对润滑性好的介质如机油、原油，可采用中等硬度以上（HV > 180，如表面硬化的钢、堆焊硬质合金）的硬环对能保持润滑油膜的软环如青铜，或略有自润滑性软环，如碳石墨。

对润滑性不好的介质如清水、汽油，应采用硬度很好（HV > 450，例如 YG 合金、堆焊铬基硬质合金）的硬环对具有良好自润滑性的电化石墨软环。

对强腐蚀性的介质（如酸、碱溶液），应采用耐腐蚀的硬环（如 YG 合金、陶瓷），对耐腐蚀性且具有自润滑性的软环（如四氟乙烯、特种石墨）。

此外，在选择摩擦副材料时，还要考虑材料的耐温性、刚性、导热性等。

(2) 动环的构造

在摩擦副中，动环需要带着密封圈作轴向移动，因此，它比静环的构造要复杂一些。

图 4－5（a）所示为内流增荷式或外流反荷式的整体动环，整体采用不锈钢车制而成。右边端面堆焊铬基硬质合金作为与静环接触的摩擦端面。由于接触端面的内径 D_1 大于轴直径 d，故动环的内孔可以是等直径的。

图 4－5（b）所示为减荷式的整体动环，由于减荷式的接触端面内径 D_1 小于轴滑直径 d，故动环接触端面的内孔直径必须小于动环内孔直径。

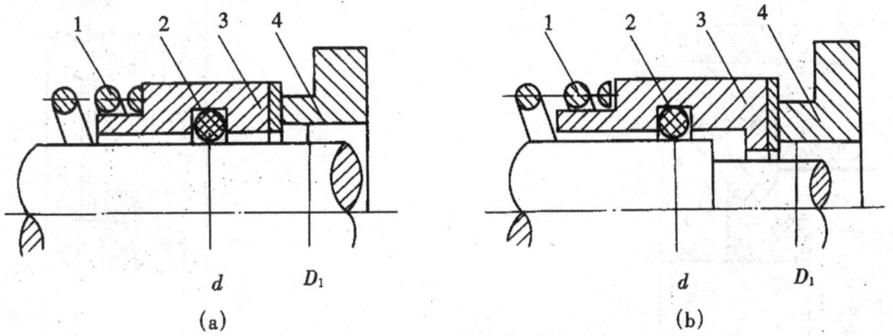

图 4－5　整体式动环

(a)—内流增荷式或外流反荷式动环；(b)—减荷式动环

1—弹簧；2—动环密封圈；3—整体式动环；4—静环

(3) 静环与压盖的构造

在常见的内流、旋转式机械密封中，静环大多是采用石墨制成，它被固定在压盖内，其结构比动环简单。根据静环在压盖内所采用的固定方式，静环有 4 种结构形式。

① 第一种是热装固定式。如图 4－6（a）所示，静环 1 与压盖 2 内的环座孔采用过盈配合。在装配时先对压盖加热，然后将静环放入座孔内，利用冷却后的过盈配合将静环抱紧，并对被密封的介质产生密封作用。

② 第二种是坐入固定式。如图 4－6（b）所示，将静环 1 放进压盖 2 的座孔内，静环垫衬着密封圈 4 坐在孔内的台阶上。利用静环左端面上传来的轴向推力压紧密封圈 4，以便对介质起密封作用；利用压盖上的防转销 3 插在静环右端面的缺口内以保持静环不被动环端面上的摩擦力带着旋转。

图中的压盖上还有冷却水输入孔。输入的冷却水在沿轴表面向右方溢出的过程中充满静环的右侧及静环内圆与轴之间的间隙中，对静环进行冷却，以吸收摩擦端面内因摩擦所产生的热量。

压盖上还有冲洗液输入孔，当被密封介质的温度太高或含有杂质而为摩擦副所不允许时，则由外界引来一股低温的、不含杂质的介质由冲洗孔经压盖注入密封室内，于是机械密封装置就只与注入的冲洗液接触，实际上变成对冲洗液进行密封了，这就改善了机械密封的工作条件。为了始终保持密封室内充满冲洗液，应由压盖上的冲洗孔源源不断地以适当小流量向密封室注入冲洗液。注入密封室内的冲洗液将会沿着轴向流进泵腔内，混进被输送的介质内从泵的出口输出。为了减少冲洗液混入泵腔内的流量，可在密封腔的左端增设一套机械密封。实际上那就变成双机械密封了（见后面图 4－14）。

③ 第三种是套入固定式。如图 4－6（c）所示，将静环 1 套入压盖 2 的座孔内，利用两个静环密封圈 4 在密封槽内所产生的径向过盈以防止介质向冷却水中泄漏和防止冷却水向大气中泄漏。利用销子以防静环转动。从压盖顶部输入的冷却水只接触静环外圆面的一部分，在吸收由摩擦面传来的摩擦热量以后，由压盖下部的输出孔流出。

以上 3 种是内流旋转式机械密封的静环结构。

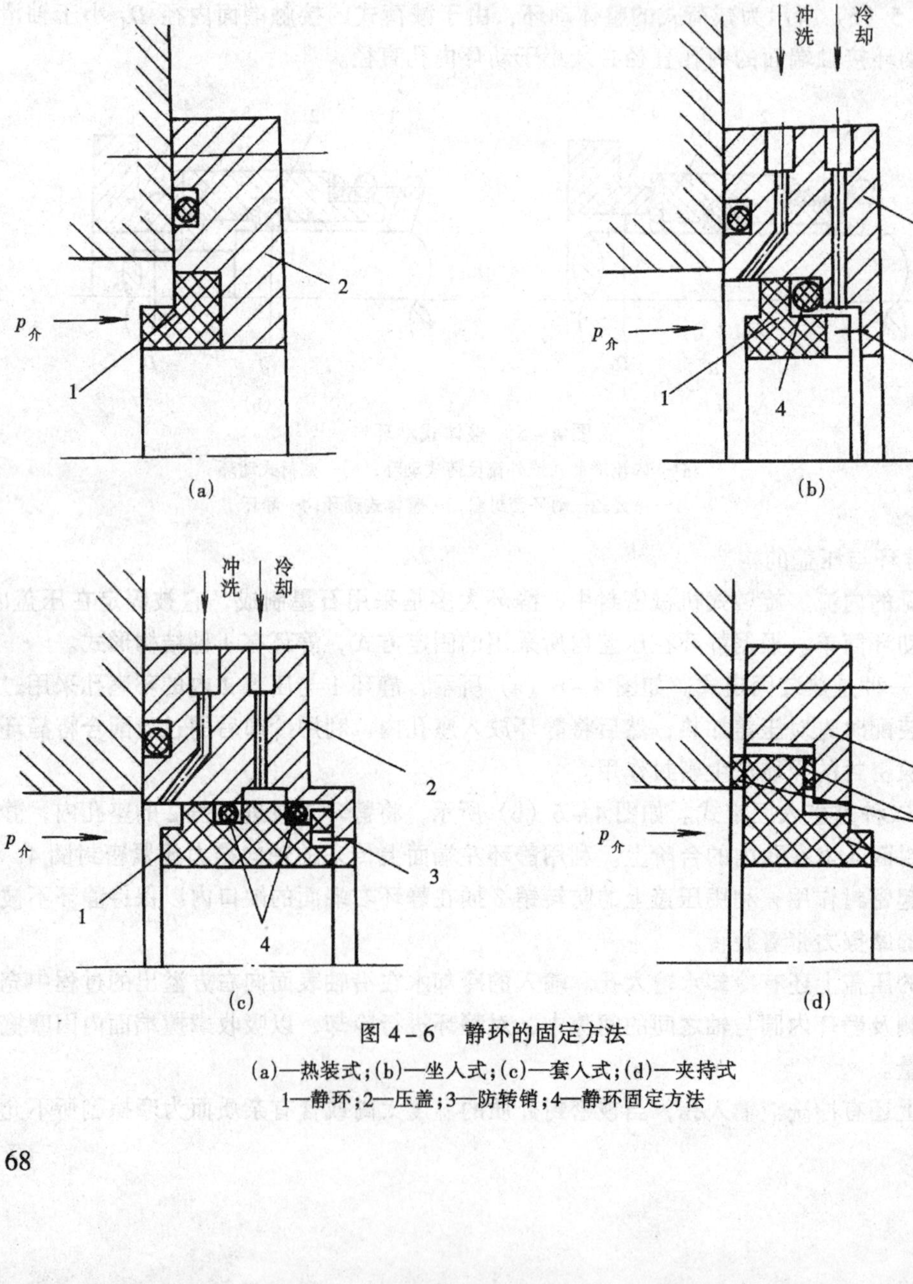

图 4－6　静环的固定方法

(a)—热装式；(b)—坐入式；(c)—套入式；(d)—夹持式

1—静环；2—压盖；3—防转销；4—静环固定方法

④ 第四种是夹持固定式。如图 4－6（d）所示为一种外流式旋转式机械密封的静环结构，利用压盖 2 将静环 1 夹紧在泵体上,并利用静环两边的密封垫以防介质漏出。

2．弹簧

在反荷式机械密封中，端面比压 p_b 主要由弹簧的弹力产生，在减荷式及增荷式的机械密封中，虽然 p_b 主要靠介质压力产生，但是如果没有弹簧的轴向推力产生使动环向静环贴紧的预紧力，则密封室内的 p_m 就不能形成。所以，弹簧也是机械密封中的主要零件之一。

在增荷式及减荷式机械密封中，要求弹簧的总弹力 p_s 能使摩擦副产生 0.15～0.25MPa 的 p_s，在反荷式中，则要求能产生 0.3～0.4MPa 的 p_s。

机械密封装置中常采用的弹簧有两种：一种是采用一个套在轴上的大直径螺旋弹簧（简称大弹簧，见图 4－7 所示），另一种则采用围着轴布置 8～12 个小直径的螺旋弹簧（简称小弹簧，见图 4－8 所示）。

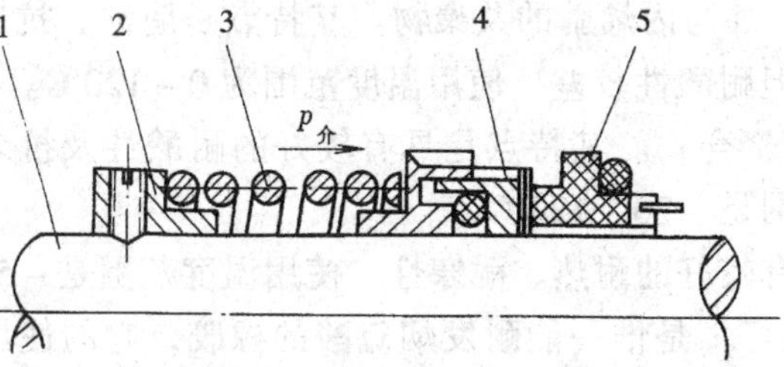

图 4－7　大弹簧机械密封

1—轴；2—弹簧座；3—弹簧；4—动环；5—静环

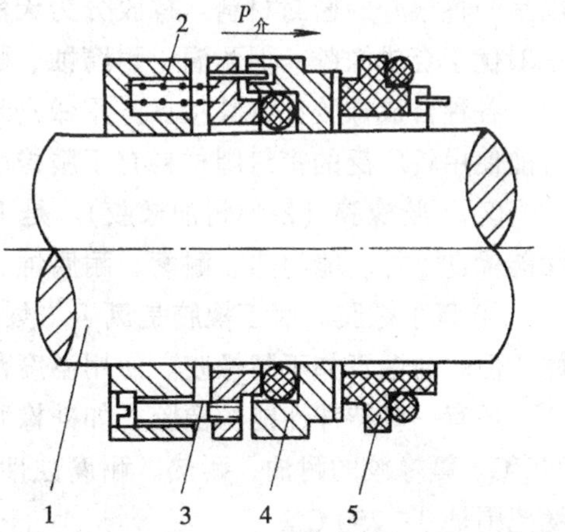

图 4－8　小弹簧机械密封

1—轴；2—弹簧；3—传动螺钉；4—动环；5—静环

常用的弹簧材料为 $60Si_2Mn$、50CrVA 和 1Cr18Ni9Ti。

（1）大弹簧

在机械密封中，根据轴直径的大小，选用 2～8mm 直径的钢丝制成大弹簧，有效圈数 $n=2.5$。对于只负担轴向推力的普通大弹簧，两端各自有 0.75 圈的磨平支承圈，总圈数 $n_1=4$。均为右旋。对于还要传递旋转扭矩的并圈弹簧，两端各有 1.25 圈的磨平并紧支承圈，总圈数 $n_1=6.5$。并圈弹簧所采用的旋向应满足弹簧在传递扭矩时能使其内径变小。

大弹簧的优点是安装简便，并圈弹簧还可兼作传动件；缺点是轴向尺寸较长。

大弹簧常用于中小型机械密封装置中。

（2）小弹簧

机械密封中小弹簧钢丝直径为 0.8～1mm，弹簧外径为 8～9mm，有效圈数 $n=12$，总圈数 $n_1=14$，均为右旋。

采用小弹簧的优点是密封装置的轴向尺寸较短；弹簧总力 p_s 的大小可通过增减小弹

簧的个数来调节；端面上各方面上的 p_s 值比较均匀。缺点是结构略为复杂，且小直径的钢丝易因腐蚀而失去弹性。

小弹簧常用于大中型的密封装置。

3. 动环密封圈

如前图 4-3 所示，机械密封装置除了摩擦副端面以外，还有 3 处密封点：即动环密封圈、静环密封圈、压盖密封圈。后两处密封圈在密封槽内完全处于相对静止状态，只要将密封圈紧紧地挤压在密封面上，就可以获得良好的密封效果。但是，对动环密封圈则要求较高，除了有密封任务外，还要求在轴向滑移面上不产生很大的滑移摩擦阻力。因此，对动环密封圈无论在材料上、形式上以及加工精度上均有较高的要求。

(1) 密封圈材料

在石油库中广泛采用各种橡胶或四氟乙烯制作动环密封圈。

① 橡胶。橡胶是一种高分子化合物，由于它具有较好的弹性、吸振性和气密性，所以是一种很好的密封材料。橡胶分为天然橡胶和合成橡胶两大类。天然橡胶的弹性与强度一般优于合成橡胶，但耐温、耐腐蚀、耐油溶解等特殊性能上则远不及合成橡胶。

各种合成橡胶都有其特点。用做密封圈材料必须根据使用的工作条件进行合理选择。目前使用较广泛的密封圈材料有丁腈橡胶和氯丁橡胶。

② 丁腈橡胶（俗称耐油橡胶）。是丁二烯与丙烯腈的共聚物。其特点是耐油、抗老化性能优良，并较能耐热、耐磨、耐腐蚀，但耐酸性较差。使用温度范围为 0～120℃。

③ 氯丁橡胶。氯丁橡胶是氯丁二烯的聚合物。其特点是具有较好的耐酸性及抗老化性，但耐油性不如丁腈橡胶。使用温度范围是 -20～120℃。

还有一些特殊性能的橡胶。如硅橡胶有较好的耐热、耐寒性，使用温度范围是 -50～230℃。氟橡胶的耐油、耐热、耐腐蚀性很好，是惟一能耐发烟硫酸的橡胶，它的使用温度范围是 0～250℃。

④ 聚四氟乙烯。四氟乙烯具有优异的化学稳定性和耐油、耐溶剂、耐酸、耐碱、耐高低温、抗老化的性能，因此广泛地用于多种介质和大范围温度条件下作密封圈，但四氟乙烯的弹性较差，且在长期的负荷条件下会产生冷流现象。它的使用温度范围是 -180～250℃。

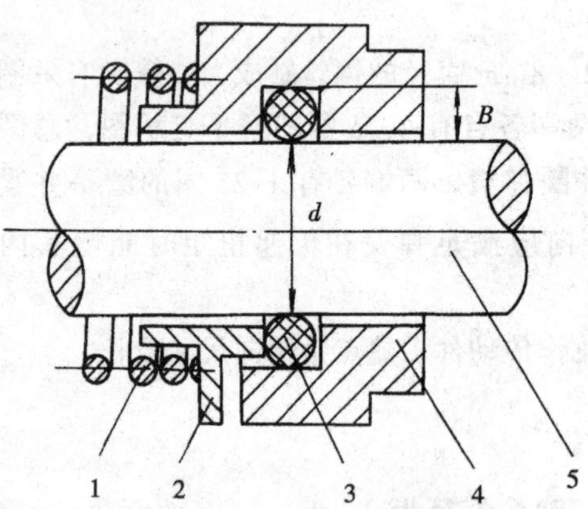

图 4-9 矩形槽内的 O 形密封圈

1—弹簧；2—推环；3—密封圈；4—动环；5—轴

(2) 矩形槽内的 O 形密封圈

① 工作情况。图 4-9 所示为在动环的矩形密封槽内设置 O 形密封圈，图中中心线以上是整体的矩形密封槽，中心线以下是可剖分的密封槽。两种密封槽，前者的结构简单，但难于达到要求的 2 级加工精度。

密封圈的内径侧与轴外表接触处以及密封圈的外径侧与槽内圆柱面接触处是密封面。由密封圈在槽内的径向过盈所产生的弹性力产生密封作用。

② 密封圈及密封槽尺寸。密封槽的径向宽度 B 可从表 4-4 中按轴向滑移面直径

（泵轴直径）d 的范围选取。为了使密封圈安装在槽内有足够的径向过盈，当采用橡胶密封圈时，密封圈截面直径为：

$$\phi = (1.04 \sim 1.06)\ B \tag{4-6}$$

这时槽内及轴上的密封面应加工到 4 级精度。当采用聚四氟乙烯密封圈时，截面直径应为：

$$\phi = (1.015 \sim 1.025)\ B \tag{4-7}$$

表 4-4　矩形密封槽的径向宽度 B

d/mm	16~28	30~80	85~160
B/mm	4	5	6

这时槽内及轴上的密封面应加工到 2 级精度。ϕ 对 B 的过盈量太小则密封不严；过盈量太大则密封圈在滑移时的阻力就会很大。

③ 特点。O 形密封圈属于可采用成批压制的标准件，故成本较低；整体矩形槽的结构简单。当密封圈材料的弹性变小时，则密封性变差；橡胶密封圈在滑移时的摩擦阻力较大。

（3）V 形密封圈

① 工作情况。如图 4-10 所示，在可剖分的矩形密封槽内设置 1~3 只采用聚四氟乙烯材料制成的 V 形密封圈。密封圈内外径处的两翼与轴及密封槽构成密封面。由推环传来的弹簧力 p_s（还应考虑被密封介质压力差）所产生的分力 Q_A 及 Q_B 供给密封力。根据实践经验每只 V 形密封圈约可密封 1MPa 的液体压力差。

② 密封槽及密封圈尺寸。密封槽的径向宽度 B 可以从表 4-4 或表 4-5 中按轴向滑移面直径 d 的范围选用。V 形密封圈推荐采用图 4-11 所示的横截面形状，图中的 H 及 h 数值列于表 4-5 中。V 形张口尖缘的内外尺寸为：

$$d_1 = d - a \tag{4-8}$$

$$d_2 = d + 2B + a \tag{4-9}$$

上两式中的 a 是考虑 V 形密封圈装入槽内应具有过盈量的修正数。a 值也可以从表中查得。

表 4-5　V 形密封圈截面尺寸　　单位：mm

泵轴直径 d	16~28	30~80	85~160
密封槽径向宽度 B	4	5	6
H	4	5	6
h	1	1	1
a	0.4	0.5	0.6

③ 特点。由于在密封槽内可选装 1~3 只 V 形密封面，故密封效果要比前几种密封圈

好。V形密封圈在作轴向滑移时的磨损阻力也小于前几种密封圈。但V形密封圈的车制工艺精度要求较高。且不适用于高温介质以及如图4-12（b）及（c）之类的外装式机械密封装置。

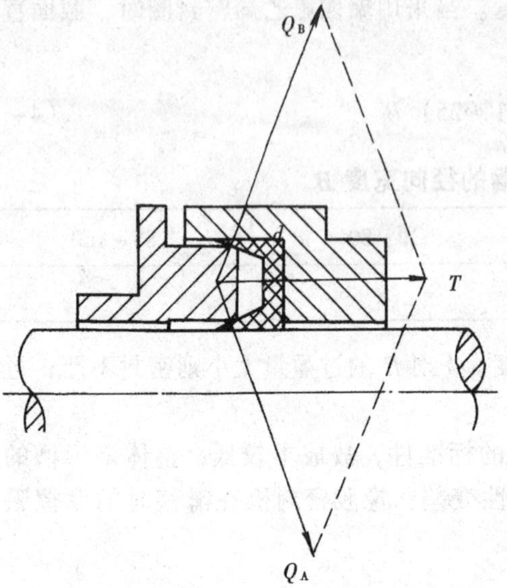

图4-10　V形密封圈

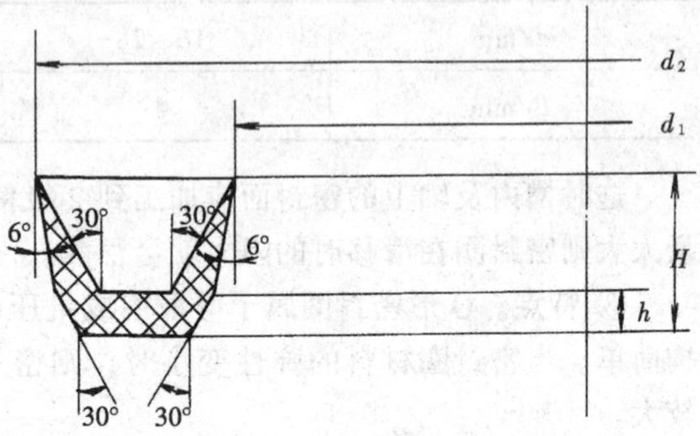

图4-11　V形密封圈的加工尺寸

四、油泵机械密封的主要结构形式

1．机械密封装置的分类

机械密封的结构形式有许多种类，每种形式均有各自的特点，各适用于不同的设备及不同的介质条件。

（1）内流式和外流式

被密封的高压介质在摩擦副的密封端面间必然有由高压边向低压边泄漏的趋势。如图4-12（a）及（b）所示，如果被密封的高压介质处于摩擦副的外侧，则介质必然有经过摩擦副端面向内径方向泄漏的趋势，这种结构的机械密封称为“内流式”的机械密封。如图4-12（c）及（d）所示，被密封的高压介质处于摩擦副端面的内侧，则介质必有经摩擦副端面向外径方向泄漏的趋势，这种结构称为“外流式”的机械密封。

内流式比外流式的性能优越，这是因为在密封室内的介质被轴带动作高速旋转，如果介质中含有密度较大的固体微粒，则在外流式中，固体微粒因旋转的离心惯性力有钻进摩擦副端面的可能，使得端面容易磨损。对内流式而言，这种固体微粒由于离心惯性力而远离摩擦副，端面就不易被磨伤。至于介质的离心惯性力是否会使得外流式的泄漏量增大或使得内流式的泄漏量减少，无论在理论上或者在实践中均没有发现这种明显的影响，这是因为介质的旋转离心力在数量上是小得可以忽略不计。

（2）增荷式、减荷式和反荷式

动环对静环端面形成密封所需要的密封力，一部分来自弹性元件的轴向推力，但更主要的一部分则是来源于被密封介质的压力对动环所产生的轴向推力。我们把动环由于承受介质轴向推力而在摩擦副每单位接触面积上所产生的压应力称为“介质载荷”。如果端面上的这种“介质载荷”大于被密封的介质压力，则这种机械密封装置称为“增荷式”的（也称非平衡型）。如果端面上的这种“介质载荷”小于被密封的介质压力，这种机械密封装置称为“减荷式”的（也称部分平衡型）。如果端面上的“介质载荷”是负值，也就是介质的压力有促使动环脱离静环的趋势，则这种机械密封装置被称为“反荷式”（也称为完全平衡型）。

增荷式的密封性能好而摩擦副端面磨损较快，适用于密封小于0.5MPa的低压介质或有良好润滑性能的介质；减荷式的机械密封磨损较慢且密封性适宜，适用于密封小于4MPa的高压介质或润滑性不好的介质；反荷式密封性很差，除了在小于0.2MPa的低压介质情况下则很少采用。

（3）旋转式和静止式

如果机械密封装置的弹性元件和动环是随轴一起旋转的（这时静环是不旋转的），这种机械密封装置是“旋转式”的；如果弹性元件和动环不随轴旋转（这时静环则是固定在轴上而随轴旋转），这就是“静止式”的。图4－12中（a）及（c）是旋转式的；（b）及（d）是静止式的。

旋转式结构比较紧凑，获得广泛的采用。但是由于在弹性元件作高速旋转时容易因质量偏心而发生弯曲变形，影响动环的正常工作，故当弹性元件的旋转离心加速度很大时，则应采用静止式的。

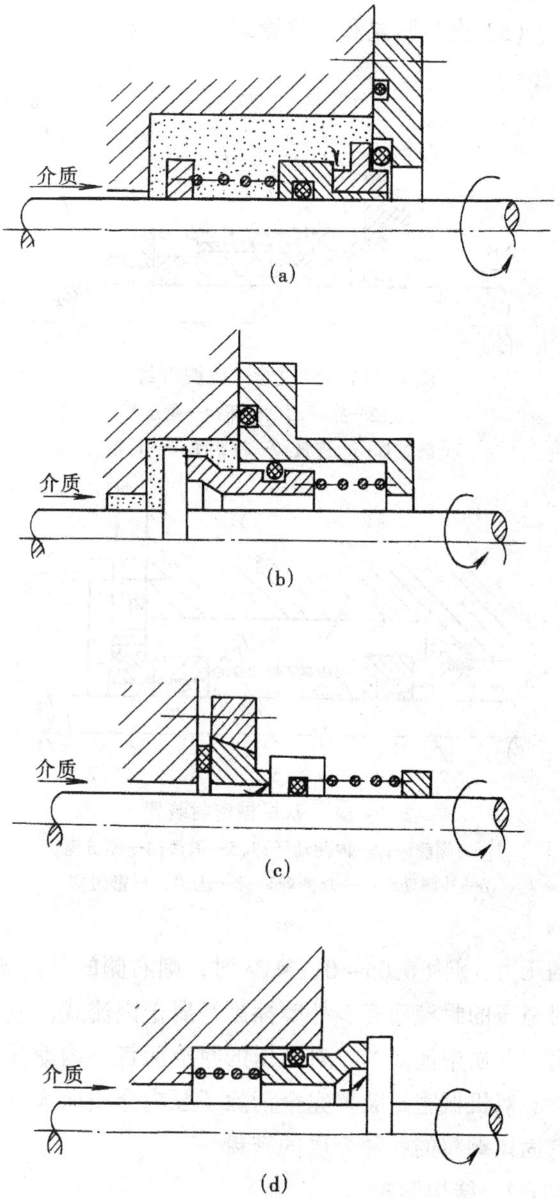

图4－12　机械密封的4种基本情况

(a)—内流、内装、旋转、增荷式；
(b)—内流、外装、静止、减荷式；
(c)—外流、外装、旋转、反荷式；
(d)—外流、内装、静止、减荷式

（4）内装式和外装式

凡弹性元件浸没在被输送的介质中，称为内装式，如图4－12中的（a）及（d）就是内装式。凡弹性元件不与被输送的介质接触的称为外装式，图4－12中的（b）及（c）就是外装式。内装式机械密封装置充分利用了密封室空间的位置，结构紧凑，故在石油库离心油泵中采用较多；外装式的弹性元件不受介质腐蚀，故在炼厂反应釜中采用较多。

(5) 密封圈式和波纹管式

如图 4－12 所示，凡动环与滑移面之间采用密封圈作为密封元件均称为“密封圈式”机械密封；凡动环与滑移面之间彩波纹管作为密封元件的，称为“波纹管式”机械密封，如图 4－13 所示。

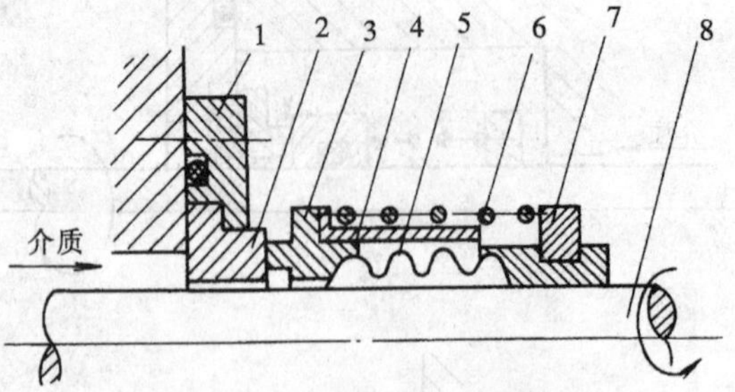

图 4－13　波纹管式机械密封

1—压盖；2—静环；3—动环；4—承压套；5—波纹管；6—弹簧；7—箍紧圈；8—转轴

密封圈式的优点是工作可靠，适用于从低压到 4MPa 的多种介质的密封。其缺点是动环密封圈不耐高温。波纹管式机械密封的优点是没有动环密封圈，故不容易渗漏；当采用金属材料制成动环及波纹管时，能耐 *400～500℃* 的介质高温；当采用四氟乙烯材料制成动环及波纹管时，能耐强酸强碱的腐蚀。其缺点是由于波纹管不耐高压，故只适用于 *1MPa* 以下的低压介质。

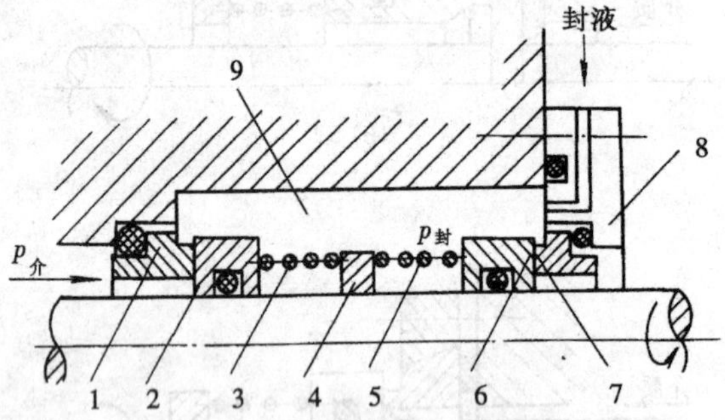

图 4－14　双机械密封装置

1—内侧静环；2—内侧动环；3、5—弹簧；4—弹簧座；6—外侧动环；7—外侧静环；8—压盖；9—密封室

(6) 单机械密封和双机械密封

图 4－12 及图 4－13 所示均为单机械密封装置。图 4－14 是采用封液作隔离介质的双机械密封装置。当向密封室注入封液，且封液的压力 $p_{封}$ 高于介质的压力 p_{m} 为 0.05～0.1MPa 时，则右侧的外摩擦副是用来阻止封液向大气中泄漏的。故对高压的封液而言，外摩擦副是属于内流式。左侧的内摩擦副是用来阻止封液向泵内的被密封介质中泄漏的。对高压的封液而言，内摩擦副仍属于内流式的。

双机械密封装置完全消除了泵内介质向大气泄漏的可能性，故适用于易燃、易爆或含有固体颗粒的各种介质的密封。

2．结构形式

(1) 机械密封装置结构形式代号

泵用机械密封结构已经定型的有下列几种：

① 103 型：内流、增荷式、单端面、大弹簧、并圈弹簧传动（图 4－15 所示）；

② 104 型：内流、增荷式、单端面、大弹簧、传动套传动（图 4－16 所示）；

③ 105 型：内流、增荷式、单端面、小弹簧、传动螺钉传动（图 4－17 所示）；

④ 109 型：内流、减荷式、单端面、大弹簧、并圈弹簧传动（图 4－18 所示）；

⑤ 110 型：内流、减荷式、单端面、大弹簧、传动套传动（图 4－19 所示）；

⑥ 111 型：内流、减荷式、单端面、小弹簧、传动螺钉传动（图 4－20 所示）；

⑦ 151 型：外流、减荷式、单端面、大弹簧、波纹管传动（图 4－13 所示）。

（2）型号

泵用机械密封型号的表示形式为：

103　W　Mh　5　—65　/30

- /30 —— 平衡程度的百分数(非减荷式不标注)
- 65 —— 轴套直径，mm
- 5 —— 动环密封圈的材料和形状的代号
- Mh —— 静环的材料和结构的代号
- W —— 动环的材料和结构的代号
- 103 —— 密封装置结构型式的代号

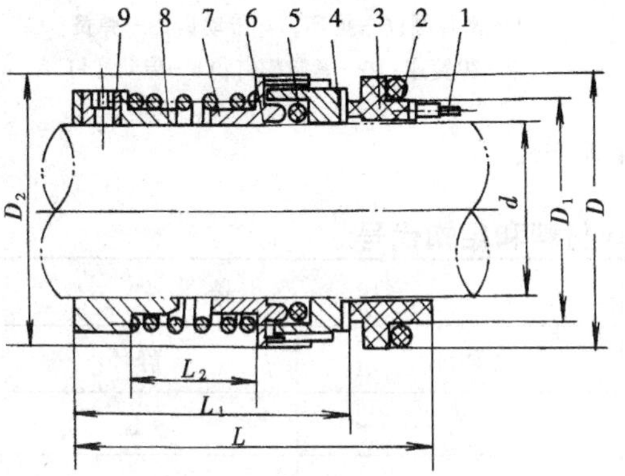

图 4－15　103 型机械密封结构

1—防转销；2—密封圈；3—静环；4—动环；5—密封圈；6—推环；7—弹簧；8—弹簧座；9—紧定螺钉

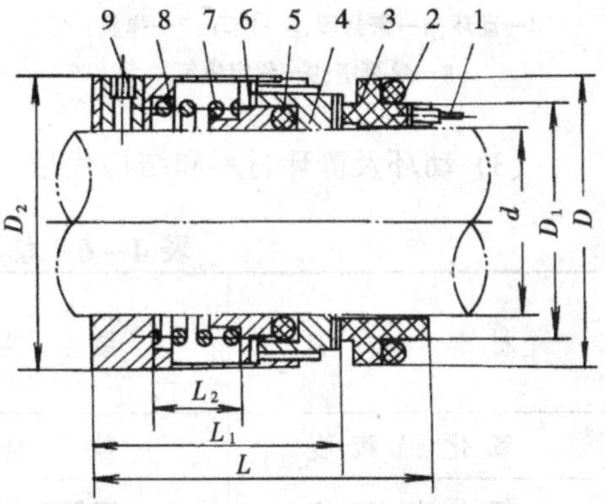

图 4－16　104 型机械密封结构

1—防转销；2—密封圈；3—静环；4—动环；5—密封圈；6—推环；7—弹簧；8—弹簧座；9—紧定螺钉

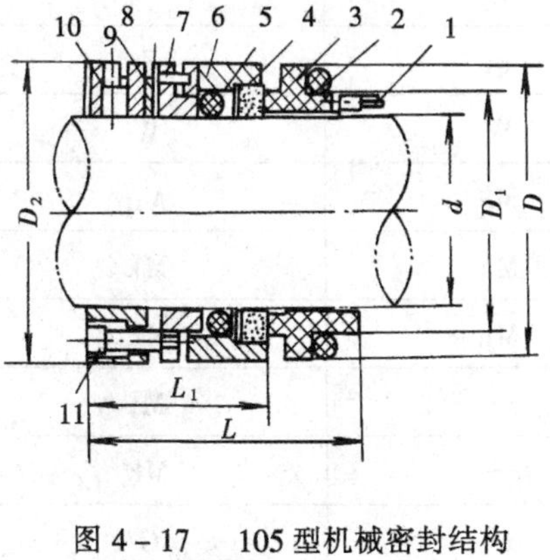

图 4－17　105 型机械密封结构

1—防转销；2—密封圈；3—静环；4—动环；5—密封圈；6—推环；7—传动销；8—弹簧；9—弹簧座；10—紧定螺钉；11—传动螺钉

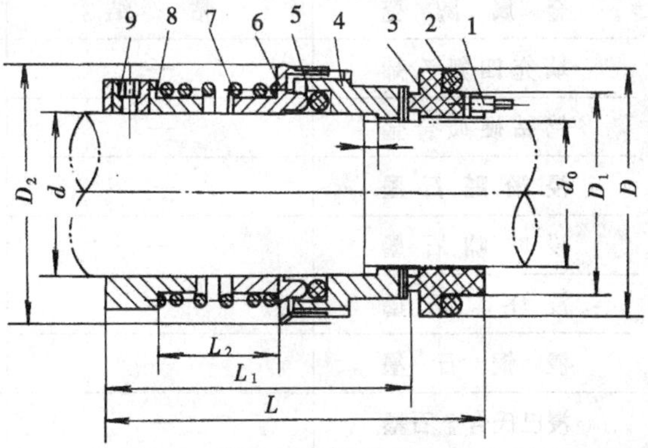

图 4－18　109 型机械密封结构

1—防转销；2—密封圈；3—静环；4—动环；5—密封圈；6—推环；7—弹簧；8—弹簧座；9—紧定螺钉

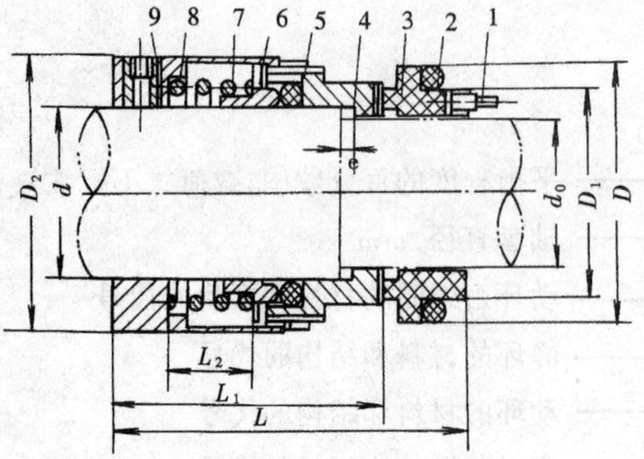

图 4-19　110 型机械密封结构

1—防转销；2—密封圈；3—静环；4—动环；5—密封圈；6—推环；7—弹簧；8—弹簧座；9—紧定螺钉

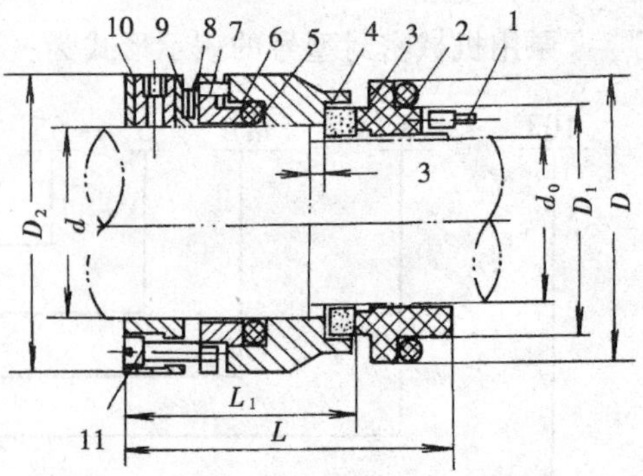

图 4-20　111 型机械密封结构

1—防转销；2—密封圈；3—静环；4—动环；5—密封圈；6—推环；7—传动销；8—弹簧；9—弹簧座；10—紧定螺钉；11—传动螺钉

(3) 动环及静环材料和结构代号，表 4-6 所示。

表 4-6　动环及静环材料和结构代号

材料	结构	代号	
		动环	静环
氧化铝陶瓷	整体	L	L
氧化铝陶瓷	四氟 L 垫	Lf	—
氧化铝陶瓷	粘结	Lz	—
金属陶瓷	整体	J	J
金属陶瓷	四氟 L 垫	Jf	—
金属陶瓷	粘结	Jz	—
填充四氟乙烯	—	Ft	Ft
钨钴硬质合金	—	W	W
浸酚醛石墨	—	Mq	Mq
浸呋喃石墨	—	Mk	Mk
浸环氧石墨	—	Mh	Mh
浸铜石墨	—	—	Mt
浸巴氏合金石墨	—	—	Mb
硅铁	—	—	G
锡磷青铜	—	—	Tl
锡锌青铜	—	—	Tx

（4）动环密封圈的材料和形状代号，表 4－7 所示。

表 4－7　动环密封圈的材料和形状代号

材　　料	形　状	代　号
丁腈－40 橡胶	O 形	1
	方　形	2
氟橡胶（F－26）	O 形	3
	方　形	4
四氟乙烯	V 形	5

3．机械密封的平衡程度

平衡程度就是指减荷式机械密封的平衡系数 β 的百分数。习惯上将减荷式的 $1-K=\beta$ 称之为“平衡系数。”例如当载荷系数 $K=0.7=70\%$ 时，则其平衡系数 $\beta=30\%$。在标准号中规定减荷式采用 5 种平衡系数，即 15%、20%、25%、30%、40%。

五、机械密封的特点

与填料密封相比，机械密封有如下优点：

1．泄漏量很少

填料密封的正常泄漏量通常约为每小时几百毫升，而机械密封的正常泄漏量为每小时几毫升（每毫升约为 15 滴），这对于用来密封易燃、易爆、有毒的介质，尤其重要。

2．运行寿命长

在正确选择与合理使用的条件下，机械密封装置一般可连续运行半年至一年，甚至达几年不需要修理，而且维护工作也非常简单。这是填料密封所无法做到的。

3．对转轴的磨损小

机械密封对转轴的磨损功率很小，约为填料密封的 1/10。

4．对转轴的振动很不敏感

当转轴的径向振摆或轴向窜动达到 1mm 时，机械密封装置仍能照常起密封作用。在这样的情况下，填料密封渗漏已经非常严重了。

机械密封装置的构造比较复杂，材料的质量要求高，制造和安装的精度要求较高，故成本较高。而且安装与检修所要求的技术条件也较高。

第三节　机械密封的装配与检修

机械密封的失效，除个别是由于设计、选用不当外，绝大多数是由于安装、检修不得当造成的。

一、对使用机械密封泵的技术要求

在安装机械密封之前，要对泵本身先进行检查，并使之达到规定的技术指标，主要内容如下：

1. 泵轴

泵轴不得生锈腐蚀，端部必须修光倒角，如图 4 – 21 所示。

2. 密封压盖

要有足够的刚度，压盖与静环密封圈接触的部位的表面粗糙度要达到 $\overset{1.6}{\nabla}$，接触面对轴中心线的跳动量允许误差 0.04 ~ 0.06mm，端部必须修光倒角，如图 4 – 22 所示。

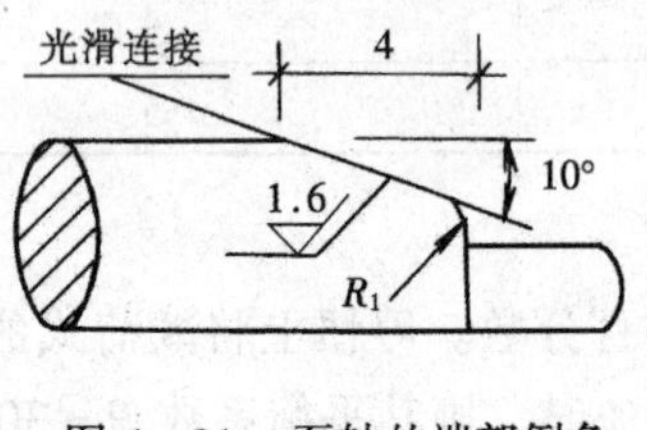

图 4 – 21　泵轴的端部倒角

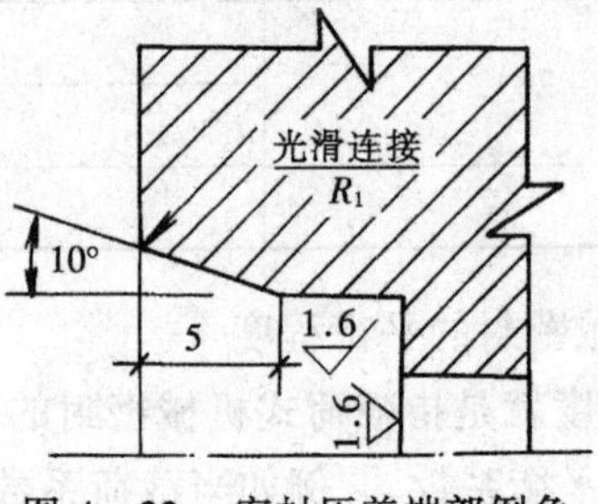

图 4 – 22　密封压盖端部倒角

3. 密封腔与压盖

密封腔与压盖结合定位端面对轴表面的跳动允许误差为 0.04 ~ 0.06mm。

二、机械密封安装与拆卸的基本常识

1. 安装前对密封件的检查

① 检查机械密封的型号、材质、规格是否正确，零部件数量是否齐全，质量应当严格符合技术标准。

② 浸渍石墨环在安装前应做静水压试验。静水压力不应小于工作压力的 1.2 ~ 1.5 倍。石墨环外表面不得渗漏出现水珠。也可在密封安装后，泵启动前，做静压试验，鉴定石墨的耐压性能。

③ 静环防转槽端部与防转销顶部应保持 1 ~ 2mm 的轴向间隙，以免泵抽空时密封被破坏。

④ 并圈弹簧传动结构的机械密封，特别要注意弹簧的旋向，其旋向应与轴转动方向相同，越旋越紧。如方向搞错，传动就会失灵。

⑤ 检查机械密封各零件是否有损坏，特别是动、静环的密封端面是否被碰伤。如发现有损坏时，必须进行修复或更换。各零件需清洗干净，保持零件表面无灰尘、铁屑等异物。

⑥ 检查轴表面、密封腔内壁及密封压盖内表面是否有毛刺、沟痕等。如发现有，应修平、打光并重新清洗干净。

2. 机械密封安装常识

① 要十分注意避免安装中所产生的安装偏差：

上紧压盖应在对叶轮找正后进行。螺丝应均匀上紧，防止压盖端面偏斜，用塞尺检查各点，其误差不大于 0.05mm。

用塞尺检查压盖与轴外径的配合间隙（即同心度），四周要均匀，各点允许误差不大于 0.10mm。

② 弹簧压缩量要按规定进行，不允许有过大过小，要求误差 ± 2.00mm。过大会增加

端面比压，加速端面磨损。过小会造成比压不足而不能起到密封作用。

③ 装配时，应在摩擦副接触面上涂一层清洁的机油或透平油。

④ 动环安装后须保证能在轴上灵活移动，将动环压向弹簧后应能自由弹回来。

3．机械密封拆卸常识

① 在拆卸机械密封过程中应仔细，严禁用手锤和扁铲，以免损坏密封元件。如因结垢拆卸不下时，应清洗干净后再进行拆卸。

② 如果在泵两端都有机械密封时，在装配、拆卸过程中必须互相照顾。

③ 对运行过的机械密封，凡有松动压盖使密封面发生移动的情况，则动环、静环零件必须更换，绝对不应重新上紧继续使用。因为在这样松动后，摩擦副原来运动轨迹就会发生变动，接触面的密封性能就很容易遭到破坏。

三、机械密封的修理

机械密封长期运行，使动环与静环磨损，弹簧、轴锈蚀磨损、密封圈磨损、老化、变形等，所有这些都是造成泄漏的原因。泄漏的机械密封必须进行修理。轴、密封圈、弹簧、组装盒磨损和锈蚀比较严重时，一般都是更换新的。损坏不严重的可以除锈清垢或重新定位等。动环和静环的端面磨损影响泵的泄漏比较大。所以动环和静环磨损后应进行研平与抛光。

研平与抛光加工是将工件放在研磨盘上作相对平移，依靠压嵌在研磨盘上较硬而具有锐利刃口的磨料对工件的刮削以及未嵌入研磨盘内的磨料的滚压作用（刮削作用是主要的），而使工件表面达到很好的平直度和较低的表面粗糙度。

1．磨料及其调合液

(1) 磨料的粒度和应用范围

磨料的粒度是指磨料颗粒宽度尺寸的 μm 数。粒度号数是指筛分时磨料恰好能通过的筛网在每 25mm 长度内所具有的孔眼个数，也称为“目数”。

磨料按粗细的等级分为磨粒、磨粉、微粉三大类。机械密封端面的研平与抛光只采用磨粉与微粉。三种磨料的粒度尺寸分级与相应的粒度号如表 4－8 所示。较粗的磨料，磨削速度较快；较细的磨料所能达到的表面粗糙度较低，因此在工件有不同的表面粗糙度要求时，应该采用不同粒度的磨料。具体要求见表 4－9 所示。

表 4－8　磨料的粒度

磨粒		磨粉		微粉		
粒度号数	粒度尺寸/μm	粒度号数	粒度尺寸/μm	粒度号数		粒度尺寸/μm
				现用号	旧号	
12	2000～1600	100	160～125	W_{40}	320	40～28
14	1600～1250	120	125～100	W_{28}	600	28～20
16	1250～1000	150	100～80	W_{20}	800	20～14
20	1000～800	180	80～63	W_{14}	1200	14～10

续表

磨粒		磨粉		微粉		
粒度号数	粒度尺寸/μm	粒度号数	粒度尺寸/μm	粒度号数		粒度尺寸/μm
				现用号	旧号	
24	800 ~ 630	240	63 ~ 50	W_{10}	1600	10 ~ 7
30	630 ~ 500	280	50 ~ 40	W_7	2000	7 ~ 5
36	500 ~ 400			W_5	3000	5 ~ 3.5
46	400 ~ 315			$W_{3.5}$		3.5 ~ 2.5
60	315 ~ 250			$W_{2.5}$		2.5 ~ 1.5
70	250 ~ 200			$W_{1.5}$		1.5 ~ 1
80	200 ~ 160			W_1		1 ~ 0.5
				$W_{0.5}$		< 0.5

表 4-9　磨料磨粒的应用范围

加工方法	能达到的表面粗糙度	选用的磨料粒度
粗　研	1.6 ~ 0.8	100 ~ 180 号
细　研	0.4 ~ 0.2	240 ~ W_{20}
粗　抛	0.1 ~ 0.05	W_7 ~ W_5
精　抛	0.025	$W_{3.5}$ ~ W_1

（2）磨料的名称及用途

常用磨料物质的名称及用途见表 4-10。在研平时，主要是要求磨削速度快，故可以选择硬度比工件大得多的磨料；在抛光时，主要是要求工件的表面粗糙度低，故只宜选择硬度比工件稍高的磨料，否则会在抛光面上留下划痕。

表 4-10　常用磨料物质的名称及用途

名　称		代号	颜色	硬度 HV	相对研磨能力	性　能	适用工件材料
氧化物系	氧化铁		红、暗红或紫色			较软，是极细的抛光粉，可抛出镜面，常用抛光	铜，硬钢，玻璃，水晶等的抛光
	三氧化二铬		绿色			硬度较氧化铁高，粒度极细，常用于抛光	铜，铸铁，碳钢的抛光，用重铬酸铵作研磨液，还可用于堆焊硬质合金及 YG 合金的抛光

续表

名　称		代号	颜色	硬度HV	相对研磨能力	性　能	适用工件材料
氧化物系	棕刚玉	GZ	棕、暗红或灰褐	2000	0.10	硬度较三氧化二铬高，韧性好，锋利，价廉，常用于研平	碳钢，合金钢，可锻铸铁，硬青铜的研平
	白刚玉	GB	白色或灰色	2200	0.12	较棕刚玉切削能力稍高，但韧性略低，研磨时压裂形成新的锋刃，较贵	适用于淬硬钢的精研
	铬刚玉	GG	玫瑰红	2300	0.13	磨削效率比 GB 高，韧性也较 GB 高，能使工件达到较低的表面粗糙度，常用于精研与抛光，价格贵	适用于合金钢，锰钢，高速钢的精研或抛光
碳化物系	黑色碳化硅	TH	黑色	2800	0.25	硬度较 GG 略高，且锋利，但很脆，散热性好，适用抗拉强度低的工件研平	铝，铜，铸铁，大理石，玻璃，塑料的研平
	绿色碳化硅	TL	绿色	3000	0.28	较 TH 略硬更脆，锋利，散热好，在研磨韧性材料时易碎裂，除了可作 TH 相同用处外，还可用于较硬材料的研平	铸铁，淬硬钢，堆焊硬质合金，工具钢的研平
	碳化硼	TP	黑色	5000	0.30	较 TL 硬，颗粒能自行修磨保持锋利，高温时易氧化，价贵，常用于较硬材料的研平或抛光	淬硬钢，堆焊硬质合金，YG 合金，陶瓷的研平和抛光
	碳硅硼	TGP	灰黑色	5800	0.33	较 TP 略硬而脆，高温下易氧化，容易压碎，用途与 TP 同	淬硬钢，堆焊硬质合金，YG 合金，陶瓷的研平和抛光
人造金刚石		JR	灰色至灰黄色	10000	1.00	是最硬的研磨粉，颗粒尖锐锋利，常用于极硬材料的研平或抛光，价昂贵	YG 合金，陶瓷的研平和抛光

(3) 调合液

在研平和抛光工件时，研料必须用液体调合涂抹在工件表面和研磨盘上。研磨液的作用是：使磨料均匀分布在研磨盘上；润滑工件的加工表面，降低表面粗糙度；冷却磨料，使之保持有锋利的刃口；调合液中的某些成分能促使工件表面氧化膜的软化；某些成分对工件表面产生化学腐蚀作用，从而加速磨削或减少工件的表面粗糙度。常用的调合液有：

① 水。水的润滑作用差，故研磨的速度快，而表面粗糙度大，且对研磨盘有锈蚀作用。磨料在水中的含量约为百分之几或百分之十几。

② 煤油。润滑作用也不很好，研磨速度快而表面粗糙度大，且易挥发。

③ 轻柴油。润滑性较好，能达到较低的表面粗糙度，且不易挥发。

④ 甘油。润滑性较好，研磨速度尚快而表面粗糙度较低，不易挥发。是较好的研磨用调合液，常用方法为加水 30%～40%的稀释甘油。

(4) 研磨膏

将磨料拌在硬脂、油酸、石蜡、煤油等调合剂中，而制成研磨膏或抛光膏。例如供研平用的有氧化铝（Al_2O_3）研磨膏（即凡尔砂）。供抛光用的有氧化铬（Cr_2O_3）抛光膏，金钢钻抛光膏。使用时先用煤油洗净工件，将研磨膏用调合液稀释，涂布在研磨盘上进行研磨。

2. 研磨设备

摩擦副端面的研平和抛光可以用手工在研磨平板上进行，也可以在研磨机上进行。

(1) 研磨平板

手工用的研磨平板常用灰铸铁、软钢、铜等金属材料制成，对平板的要求是：

抛光平板表面应有每 100mm 内不大于 0.02mm 的不平直度以及 $\overset{0.1}{\bigtriangledown}$ 以下的表面粗糙度，研平平板则要求稍低一些。

平板材料的硬度应较工件材料的硬度小，这样才能使磨料嵌镶在较软的平板上只露出锋利的刃口对工件起磨削作用。

抛光平板要求组织均匀细致，以免抛光时平板材料中较硬的晶粒对工件产生划痕。

比较耐磨，使用寿命长。

平板上最好加工有 1～1.5mm 宽的纵横槽沟，用以储存多余的研磨剂并收容工件的磨屑。

(2) 研平机与抛光机

研平机是以 50～100 r/min 旋转的碳钢或灰铸铁研磨盘上用特制的压盘将工件压住，压盘和工件不随盘旋转，但压盘却可以带着工件缓慢地自转，圆盘上的磨料对工件的端面作均匀的磨削，盘上有许多 1～2mm 宽的环向槽或径向槽以储存多余的研磨剂并收容磨屑。

抛光机的结构和研平大致相同，转速也差不多，但抛光盘应该用组织均匀硬度较软的软钢或铜制成。盘上有同心圆槽或螺旋槽，槽间距约为 1mm，槽宽和槽深约为 0.5mm。另一种抛光盘是绒布，毛呢张紧在旋转的圆盘上供抛光用。当然，研平与抛光所采用的磨料的粒度是不同的，其要求如表 4－8 所示。

无论在研平或抛光时，工作端面在研磨盘上应保持有一定的压力，也就是说压盘应该具有足够的重力压在工件上，满足工件端面上有 0.01～0.03MPa 的压力，在此压力范围内，研平应比抛光可取较大的压力值，硬质材料工件应比软质材料工件取较大的值。

3. 研平和抛光工艺

(1) YG 硬质合金及陶瓷的研平和抛光

YG 硬质合金及陶瓷比较硬，较难研磨。当其端面的沟纹大于 0.1mm 时，先在磨床加工；当其沟纹在 0.1～0.05mm 范围内，应先在研平机上进行粗研。粗研时常采用的研磨剂有两种：

① 用清水调合粒度为 100～180 号的碳硅硼或碳化硼作研磨剂；

② 用浓度为百分之几的高锰酸钾水溶液调合粒度为 100～180 号的碳化硅作为对 YG 环的研磨剂（但不宜用于研磨陶瓷环，因为高锰酸钾对陶瓷有腐蚀能力）。

当 YG 硬质合金及陶瓷端面的沟纹在 0.05～0.01mm 范围内，可在研平机上进行细研。细研时常采用的研磨剂也是两种：

① 用清水调合粒度为 240 号 ~ W_{28}的碳化硅或碳化硼作研磨剂；

② 用浓度为百分之几的高锰酸钾水溶液调合粒度为 240 号 ~ W_{28}的碳化硅作为 YG 环的研磨剂（但不宜用于研磨陶瓷环）。

YG 硬质合金及陶瓷环的沟纹很小（小于 0.01mm）且表面粗糙时，应在粗抛机上先进行粗抛，以便使表面粗糙度达到 $\overset{0.1}{\bigtriangledown}$ ~ $\overset{0.05}{\bigtriangledown}$ 。粗抛时采用的抛光剂为加水 30% ~ 40%的稀释甘油或轻柴油调合粒度为 W_7 ~ W_5 的碳硅硼或碳化硼。

YG 硬质合金及陶瓷环经过粗抛后即可在精抛机上进行精抛，以便使表面粗糙度降低到 $\overset{0.025}{\bigtriangledown}$ 的镜面。精抛时采用的抛光剂最好是用 1 份水加 30% ~ 40%稀释甘油和 10% ~ 20%的粒度为 $W_{3.5}$ ~ W_1 的金钢石抛光膏。抛光过程中工件表面的温度不应高于 30 ~ 35℃，否则抛光质量不高。

(2) 堆焊硬质合金、硬钢（氮化钢、淬硬钢）的研平和抛光

这些金属的研平和抛光工艺是根据其端面的沟纹来确定的。当端面的沟纹大于 0.1mm 时，可送机床加工或用 1 ~ 0 号金钢砂布在平台上用手工研平。也可用清水调合 100 ~ 180 号的碳化硼或碳化硅作研磨剂在研平机上进行粗研平。

当端面的沟纹在 0.1 ~ 0.02mm 范围时，可在研平机上进行细研。研磨剂采用清水调合 240 号 ~ W_{28}碳化硼或碳化硅。研平机的磨盘应是铸铁或软钢制成的。

当端面沟纹小于 0.02mm 时，就可在粗抛机上进行粗抛，抛光剂应采用稀释的甘油或轻柴油调合 W_5 ~ $W_{3.5}$的碳化硼或碳化硅。堆焊硬质合金及硬钢的抛光盘应采用铜或其它软金属制成，以免盘上的硬晶粒组织将工件端面上划成细痕。

在端面经过粗抛以后，就可以进行精抛。堆焊硬质合金及硬钢的精抛是在绒布抛光机上进行的。在转盘上张紧绒布，最好是海军呢或平绒。抛光机采用铬离子抛光液，即在浓度为 3%的重铬酸铵的水溶液中加入 1%的三氧化二铬抛光粉。将此悬浮液洒在旋转的绒盘上，对工件端面进行抛光。在抛光时应注意的是：绒布上抛光液太湿或太干都会影响抛光质量；抛光过程中工件表面的温度不得超过 35℃，否则抛光的镜面质量不高；工件的内外缘应倒角，以免工件刮伤绒布。

(3) 软钢及铸铁的研平与抛光

软钢和铸铁的研平与抛光工艺与上述堆焊硬质合金的研平抛光工艺基本相同，只不过是在细研及粗抛所用的磨料可以改用廉价的硬度较软的氧化铝或碳化硅。碳钢和铸铁在精抛后所能达到的光洁度质量比堆焊硬质合金差一些。

(4) 青铜的研平与抛光

青铜是用来作摩擦副的软环，对抛光质量要求不高，故只经过研平粗抛即可，对于平直度很差的青铜环端面可用 0 ~ 210 号金钢砂布垫在平台上将端面研平，或者用清水调合 240 号 ~ W_{28}的刚玉粉在研平机上进行研平。而抛光则采用稀释甘油或轻柴油调合 W_5 ~ $W_{3.5}$的刚玉粉在软金属盘的抛光机上进行抛光，也可以用上述抛光剂在抛光平板上进行抛光。

(5) 浸渍石墨的研磨与抛光

浸渍石墨是作软环用，故对抛光的镜面要求不高，均为 $\overset{0.1}{\bigtriangledown}$ 即可。

沟纹很深的石墨环可用 240 ~ 280 号的水砂纸垫在平台上研平，研平后应将石墨端面

上的磨料彻底洗擦干净。

石墨的抛光是在特制的“压砂平板”上进行的。“压砂平板”就是用一块铜板或不锈钢做成抛光平板，然后将此平板面对面地放在其它抛光平板上，并用稀释甘油调合的 $W_5 \sim W_{3.5}$ 的刚玉粉，加以足够的压力将两板相对研磨，其目的是使刚玉粉嵌压进入不锈钢板表面之内，这一过程称为“压砂”。抛光时只需在压砂平板上面加大量的清水而不加其它任何磨料就可将石墨端面抛光。这样操作的好处是防止抛光粉嵌入石墨端面内以免将来在机械密封运行时，这些抛光粉加速摩擦副的磨损。对于硬度较高的浸树脂石墨在抛光时，允许加少量粒度为 W_1 或更细的而且较软的刚玉粉或玛瑙粉。

4．环面平直度的检查

机械密封硬环端面的平直度和表面粗糙度要求很高，所要求的 $\overset{0.05}{\triangledown}$ 的表面粗糙度是可以用肉眼直观检查的，即将此镜面对照自己，可以看清自己的眉毛。但不大于 1μm 的平直度则是很难用肉眼观察出来，通常采用平面平晶法来检查（即光学干涉法）。

第四节　填料密封装置

填料密封是在转轴与机壳之间的密封室内填塞某些半弹性的材料，以堵住介质漏出的间隙，达到密封的目的。常用的材料有两种：即填料函填料和密封环填料。填料函就是采用棉、麻、石棉等纤维编织成具有方形横截面或圆形横截面的长条填料。密封环则是利用工程塑料或橡胶压制或车制成具有 V 型横截面的圆环。

一、填料函填料密封

1．填料函密封的结构

典型的填料函密封结构如图4－23所示。在转轴 1 和壳体 2 之间的密封室内，填入了若干圈填料函 3。在密封室内的填料函可以是一圈一圈分开的，相邻两圈的切口应错开 90°～180°；为了便于更换，有时也采用长条填料函围绕轴缠成螺旋形。在填满密封室后，套上压盖 5，并利用螺栓 4 通过压盖将填料函沿轴向压紧。由于填料函略具有弹性，故各圈填料函就会依靠径向的弹性力紧抱在轴上而产生密封作用。

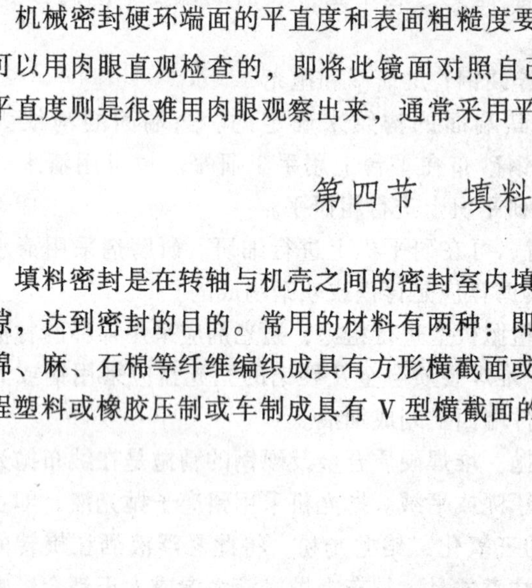

图 4－23　填料函密封

1—轴；2—壳体；3—填料函；4—螺栓；5—压盖；6—孔环（封油环）

当采用压盖一次压紧填料函时，各填料函之间轴向压紧力或径向压紧力沿轴向的变化情况，靠近压盖处的轴向压紧力或径向抱紧力最大，远离压盖处的压力逐渐减少。为了使压力沿轴向分布均匀以增加密封性和减少转轴的局部磨损，在安装填料函时，应逐圈装入，逐圈压紧。

在密封室的中部填料函之间，往往填入一个孔环 6。孔环的作用有三：第一是孔环正位于壳体上的封液孔的下面，当泵内输送的是易爆、易燃、有毒介质时，就可以通过封液孔及孔环向密封室内注入密封液。由于注入的密封液的压力比泵内介质的压力高出0.05~0.1MPa，于是泵内介质就不可能进入密封室，从而完全消除了泵内介质向外泄漏的可能性。但是，在这种情况下，少量的密封液沿轴向从压盖处漏出是不可避免的；第二是通过孔环向填料函装置内注入适量的润滑油，以减少转轴与填料函之间的磨损；第三是由于孔环的存在，通过孔环传至左边填料函上的压紧力沿圆周方向就会分布得较均匀一些。

填料函箱的主要尺寸可用下式确定是：

$$H=(1.4\sim1.8)\sqrt{d_0} \tag{4-10}$$

$$L=(4\sim6)H \tag{4-11}$$

式中 d_0——转轴或轴套的外直径，mm；

H——密封室的径向宽度，mm；

L——密封室的轴向长度，mm。

2. 填料函的材料选用

按材料的不同，填料函可分为：纤维编织填料函、橡胶夹心填料函、半金属填料函等三大类。

纤维编织填料函是采用多股棉、麻、石棉纤维绳所编织成的方形或圆形截面的填料函。编成之后再用石墨与润滑油或润滑脂的混合物浸渍填充纤维之间的孔隙。油浸棉麻填料函适用于密封温度不高于100℃的没有腐蚀性的水、石油、碳氢化合物等介质；油浸石棉填料函适用于密封温度不高于250~450℃的或具有腐蚀性的介质，例如高温石油产品、碱液、弱酸性液体。

橡胶夹心填料函是在上述的石棉编织填料函中夹进橡胶夹层或夹心，使填料函具有更好的弹性以增加填料函的密封性能。这种填料函适用于密封温度不高于250℃且对橡胶不腐蚀的介质。

半金属填料函有两种：一种是在石棉编织填料函的外皮上再编织一层耐腐蚀的细金属丝网，例如铜丝网、铅丝网；另一种是用铝箔或薄铅皮内裹石棉绳和润滑油与石墨粉的混合物。这种填料函适用于密封高温有腐蚀性的介质。

密封室内所需要填入的填料函圈数与所密封的介质压力有关，其经验数据如表4-11所示。

表4-11 填料函圈数与介质压力的关系

被密封的介质压力/MPa	0.1	0.2	1.0
所需的填料函圈数	4~5	5~7	6~8

3. 填料函密封装置的特点

填料函密封装置的优点是结构简单、价格低廉。缺点是填料函的弹性很小，故泄漏量较大；需要经常通过压盖对填料函增加压紧力和及时更换填料函；同时填料函对转轴的摩擦功率很大。

二、密封环填料密封

为了改善填料函的弹性小和摩擦功率大的缺点，可将密封室内的填料函换成图 4－24 所示的密封环 5。密封环的横截面为 V 型，采用橡胶或工程塑料压制而成。密封环装在密封室内使 V 型截面的张口朝向高压。在弹簧 3 的推力下，各密封环的张口被撑开而内外边缘贴在转轴及密封室内壁上，从而产生密封预紧力；在被密封的液体压力作用下，密封环的 V 型开口有更张大的趋势，使得密封环的内外边缘更紧贴在转轴及密封室内壁上，从而产生密封自紧力。

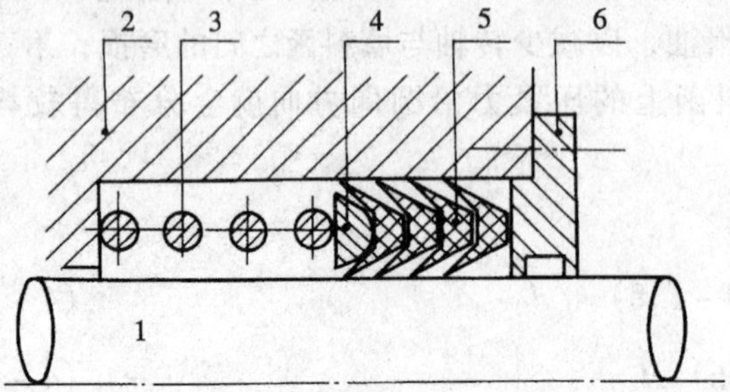

图 4－24　用弹簧压紧密封环的填料密封

1—轴；2—壳体；3—弹簧；4—压环；5—密封环；6—压盖

与填料函密封相比，密封环密封的优点是：密封环靠弹簧的推力产生预紧力，靠介质的压力产生自紧力，故密封性较好；它可以通过变换密封环截面的形状来改变自紧力的大小，使得密封环对轴的径向抱紧力大小适宜，故对转轴的摩擦功率相对较小。其缺点是密封环材料的耐磨性较差，需要经常进行更换。

第五章　阀门的使用与维护管理

用来开启、关闭或控制管道介质流动的机械装置，称为阀门。

阀门种类繁多，广泛地应用于石油库的各类工艺管道系统中。阀门如果选用不当，管理不善，将直接影响到石油库安全。石油库中，“跑、冒、滴、漏”等事故的发生，大多与阀门渗漏有关。因此，正确地选用和使用阀门，掌握一定的阀门保养维修技术，是油品储运的一项重要工作。

第一节　阀门的基本知识

一、阀门的基本知识

1．公称通径

公称通径是指阀门与管道连接处流通通道的名义直径，用 *DN* 表示。它表示阀门规格的大小，是阀门最主要的结构参数。公称通径系列有：

25、32、40、50、65、80、100、125、150、200、250、300mm 等。

2．公称压力

公称压力是阀门在规定的基准温度下允许的最大工作压力，用 *PN* 表示。它表明阀门承压能力的大小。石油库常用阀门的公称压力系列为：

0.25、0.4、0.6、1.0、1.6、2.5、4.0MPa 等。

3．适用介质

由于介质性能不同，对阀门的材料要求也不同。各类阀门都有一定的适用范围，在选用时应予以考虑。比如石油库内使用的阀门，阀体材质大多数为铸钢或铸铁，阀座密封面或衬里材料多采用合金钢（H）、硬质合金（Y）或在阀体上直接加工（W）。

二、阀门的识别

在缺少阀门图纸的情况下，根据阀门上的铭牌和标志以及阀门上的涂漆颜色，可以直接识别阀门的类别、结构形式、材料、公称直径、公称压力（或工作压力）、适应介质、温度及关闭方向等。

① 铭牌。固定在阀体或手轮上。铭牌的数据比较全，反映了阀门基本特性。根据铭牌上的生产厂，向生产厂索取该阀易损件图纸和资料，根据出厂日期参考修理的内容。根据铭牌上提供的使用条件，确定更换垫片、填料的材料和形式以及确定更换其它阀件的材料等。

② 标志。是用铸造、打印等方法在阀体上标示阀门公称压力、工作压力、公称直径和介质流向。如表 5－1 所示。

表 5－1　阀门标志的含义

标注方法		表　示　意　义	
公称压力标示	工作压力标示	箭头的含义	字母与数字的含义
*PN*100 → 50	p_{51}100 → 50	阀门为直通式	*PN*100 表示公称压力为 10MPa（100kgf/cm²）；p_{51}100 表示温度在 510℃ 时工作压力为 10MPa（100kgf/cm²）；50 表示公称通径为 50mm
*PN*40 → ∣50	p_{40}36 → ∣50	阀门为角式，介质由阀瓣下面往上流	*PN*40 表示公称压力为 4MPa（40kgf/cm²）；p_{40}36 表示温度在 400℃ 时工作压力为 3.6MPa（36kgf/cm²）；50 表示公称通径为 50mm
*PN*25 100 ↓	P_{42}100 100 ↓	阀门为角式，介质由阀瓣上面往下流	*PN*25 表示公称压力为 2.5MPa（25kgf/cm²）；p_{42}55 表示温度在 425℃ 时工作压力为 5.5MPa（55kgf/cm²）；100 表示公称通径为 100mm
*PN*16 ←┴→ 50		阀门为三通式、介质从一个进口流向成 90°的两个相反方向	*PN*16 表示公称压力为 1.6MPa（16kgf/cm²）；50 表示公称通径为 50mm
*PN*10 ←→ 40		阀门通道成直线，介质为正反流向	*PN*10 表示公称压力为 1.0MPa（10kgf/cm²）；40 表示公称通径为 40mm

阀门上还有一种标志——开度指示器，它有开启的标尺刻度线或表示开闭的箭头等。节流阀、暗杆闸阀上端安装有开度指示器，在手轮上标有箭头指向表示关闭方向。在阀杆端面部位上刻有直线沟槽的与阀门通道一致表示开启，沟槽与通道成 90°时为关闭。

③ 阀门上涂有各种油漆，不光是为了好看，而是为了便于识别阀门的材料。

第二节　石油库常用阀门的使用与维护

一、阀门的使用

阀门密封性能的好坏、寿命的长短，不仅与其制造质量有关，也与操作者的使用方法是否正确有很大关系。正确操作阀门应注意以下几点：

① 启闭阀门时，用力要均匀，不可冲击。同时阀门的启闭速度不能太快，以免产生较大的水击压力而损坏管件。阀门的启闭速度应满足：

$$t > \frac{1}{250} \times L \tag{5-1}$$

式中　t——阀门从全开到全关的时间，s；

L——从阀门到油罐的管道长度，m。

② 利用螺杆启闭的阀门在关闭或开启到头（即上死点或下死点）时，要回转半扣或1/4扣，使螺纹更好密合，以免拧得过紧，损坏阀件或在温度变化时把闸板楔紧。

③ 暗杆阀门全开、全闭时的阀杆位置应标明。这样既可以避免全开时撞击死点，又便于检查阀门是否关严了。

④ 如果手轮转不动，不得借助其它器械强行开启。应该分析原因，排除故障后再开启。

⑤ 管道在检修完后，再次投入使用时，先可将阀门稍微开启一点，利用介质的高速流动冲走阀内的残余杂质。然后反复开关几次，待冲尽杂物后，再投入正常使用。

⑥ 闸阀、截止阀、球阀只能全开或全闭，作节流阀使用。

⑦ 蒸汽阀门开启前应预热，并排除阀内和管道中的冷凝水。开启时，应尽量缓慢，以免产生很大的水击压力。

二、阀门的维护

① 管道中的泥砂、铁锈等杂质会严重冲蚀密封面，使阀门发生内渗漏。为了减少铁锈，油罐内壁宜作防腐处理，管道内壁也尽可能作防腐处理。在作业时，不要让泥砂、木屑、棉纱等杂物掉进油罐或油罐车中，并应定期清罐和清洗过滤器；管道投入使用前或检修后，应用合适的介质清扫10～15min，以清除管道中的固体杂质。

② 不经常启闭的阀门，要定期转动手轮，以防螺杆因锈蚀而咬住。如果螺杆生锈，则可用汽油湿润阀杆，然后慢慢转动手轮。

③ 应保持阀门的清洁，定期清除阀杆上的铁锈，并涂上防锈的润滑脂。通常每个月应进行一次除锈和擦油。

④ 露天场所的阀门应戴上防雨罩，冬季应采取保温措施。

⑤ 当阀门的法兰和填料函泄漏时，应压紧或更换垫片与填料。

⑥ 当发现阀门内部渗漏时，应及时研磨闸板、阀座或更换阀门。

⑦ 阀门出现故障时，应立即停止使用，并查明原因，待修复或更换后再使用 .

⑧ 阀门应定期检修和试压。常用的阀门应每年进行一次。

⑨ 阀门应建立日常检查和定期检查制度，检查内容包括：耐压部位的泄漏情况；动作是否灵活，是否有异常振动和噪音；活动部件的定期注油；不常用阀门的定期启闭检查。

⑩ 每年应给阀门涂一次防锈漆，涂漆前应清除阀门上的铁锈和旧漆，然后刷二道红丹底漆，最后刷上与原来颜色相同的面漆。刷漆时，注意保持标牌的清洁。

建立阀门的技术档案，记录有关数据及维护和故障排除情况。

第三节　石油库常用阀门的故障及排除

一、闸阀常见故障

（一）闸板脱落

很多石油库发生过因闸板脱落而造成漏油或混油的重大事故。

1. 故障原因

(1) 结构缺陷

目前石油库使用的闸阀中，有一些是下顶楔式双闸板阀。它在关闭时是利用顶楔把闸板撑开，使闸板紧压在阀座上而实现密封。开启时，在重力的作用下顶楔下落（仍夹在两闸板之间），使闸板与阀座松开。如果顶楔与闸板挤得太紧或顶楔磨损、锈蚀很严重，在开启阀门时顶楔不能自动下落，闸板仍紧压在阀座上，使阀门开启困难。若强行开启阀门，由于顶楔仍撑开着闸板，使两闸板底部有较大空隙，当顶楔受到振动或介质冲击时，会突然下坠，并通过两闸板之间的间隙落到阀底。由于失去了顶楔的作用，闸板也会与阀杆脱离，这就形成了“掉闸板”的事故，如图 5-1 所示。此外，在关闭阀门时如果用力过大，可能会把顶楔压碎，也会造成闸板脱落。

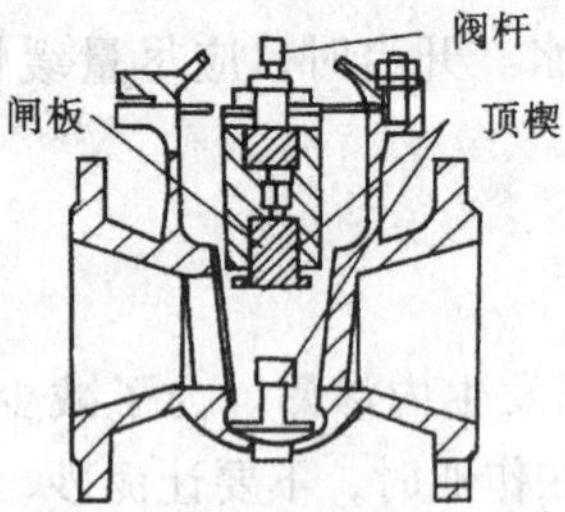

图 5-1 双闸板阀故障示意图

(2) 使用不当

下顶楔式双闸板阀只允许按阀杆垂直向上的方向安装在水平管上，但许多石油库中的双闸板阀却是水平装的。致使顶楔不是落向阀底而是落向阀体一侧，不仅使顶楔不能正常发挥作用，还会导致阀门关闭不严和启闭困难。有时因阀门泄漏严重，就盲目加大关闭力矩，很容易把顶楔压断或把阀底顶裂，也会造成闸板脱落。

2. 预防措施

选用双闸板阀时应特别慎重，尽可能选用密封良好、启闭轻便、使用寿命长的平行式双闸板阀（平板阀）。

（二）外泄漏

闸阀的外泄漏现象较普遍，只是渗漏的程度不同。大多数只有轻微的渗漏，漏出的油品很快挥发了；有的稍严重一些，在阀体上可以见到油渍；有的很严重，形成了滴漏。泄漏主要发生在填料函处，也有少数是在法兰处或阀体上。

1. 故障原因

(1) 质量低劣

如：填料函不标准，深度不够；阀杆表面粗糙，精度低；法兰面不平或有缺陷；阀体铸造差。

(2) 使用不当

阀杆被磨损，锈蚀或弯曲，使填料与阀杆之间有较大的间隙；填料选用不当、装填不合要求、没有被压紧或填料老化；垫片老化或断裂，法兰螺栓没有拧紧；阀体被腐蚀穿孔。

2. 解决措施

阀门的外泄漏不仅造成油品损耗、污染环境、危害操作人员的身体健康，而且极易在局部形成爆炸性气体混合物，危及石油库的安全，因此必须引起高度重视。减少外泄漏的措施有：

(1) 改进阀门结构消除外泄漏通道

阀门开启时，阀体内介质压力较大，此时最容易向外泄漏。若在阀杆上加工一个倒锥形密封面（称为倒密封），当阀门全开时，阀杆与阀盖之间实现密封，既避免介质外漏，还可以延长填料的使用寿命，而且能很方便地更换填料。

(2) 正确使用阀门，加强对阀门的维护保养

经常对阀门进行检查，及时修复或更换被磨损、腐蚀或弯曲的阀杆，选用合适的填料、并定期更换。

(三) 内泄漏

闸阀的内泄漏是个普遍存在的问题，但不易发现。由于内泄漏通常不会造成油品数量上的损失，所以还没有引起人们足够的重视，但它造成的后果是严重的。由于阀门的内泄漏，可能造成混油事故，从而降低了油品的质量；还可能使已排空的管道重新充满油品，当温度升高、油品膨胀时，会损坏阀门和管件。若卸油鹤管上的阀门内泄漏严重，则会使大量空气进入油管，使油泵产生气蚀甚至导致气阻断流，影响正常作业。

1. 故障原因

(1) 结构方面

① 闸阀的阀座通常是暴露在介质中，易受介质的冲蚀而损伤密封面。

② 阀门启闭时，密封面因相对滑动而被磨损还可能被会因杂质擦伤。

③ 闸板密封面的平面度、粗糙度和楔角的精度要求很高，若加工精度低，将导致闸板与阀座配合不紧密。

(2) 使用方面

① 由于管道上没有安装过滤器或过滤器损坏，使油罐或油罐车中的杂质（铁锈、泥沙、甚至还有木屑、碎砖、棉纱、手套等）进入管道，使阀门密封面被冲刷、擦伤。如果杂质沉积在阀底，特别是沉积在闸板卡槽内，将使闸板关闭不严。

② 闸阀是不允许用来调节流量的。但在使用过程中常用闸阀节流，致使闸板密封面被冲蚀损伤。

③ 顶楔式双闸板阀只允许垂直安装（阀杆垂直向上），而在某些石油库中却没有按要求安装，致使阀门关闭不严。

2. 预防和解决措施

① 选用性能和质量较好、密封面不易被介质冲蚀和擦伤的阀门，如：平板阀。

② 改进工艺设计，尽量减少阀门用量。有些不常用的阀门可以拆除或用眼镜盲板替代，如泵与泵之间的隔离阀即可用眼镜盲板（眼框盲板）替代。

③ 正确使用阀门，加强对阀门的维护管理。管道工艺各进出口处尽可能设置过滤器，并定期清除过滤器中的杂物。

④ 及时修复或更换泄漏的阀门。

(四) 开启困难

石油库中经常出现闸阀开启困难的现象，于是人们把铁棍插到手轮辐条之间，强行扭开阀门。这样很容易扭坏手轮、扭弯阀杆，甚至会造成闸板脱落。

1. 故障原因

楔式闸阀是靠闸板与阀座相互挤压实现密封的，因此在关闭时需要施加较大的力，开启时比较费劲，但通常不是很困难。造成阀门开启困难的原因主要有下述几种：

① 阀杆与阀体的散热条件不一样，它们材质也不相同，因此当温度变化时，阀杆的线膨胀量可能比阀座的线膨胀量大。由于阀杆上端受到阀盖的限制，阀杆只能向下膨胀。

若阀门处于关闭状态，则会使闸板紧紧地楔入阀座间，导致阀门开启困难。

② 阀腔内的水冻结，造成阀门开启困难。

③ 阀杆螺纹锈蚀造成阀门开启困难。

④ 阀腔内介质受热膨胀，阀腔内压力增大使双闸板阀或弹性闸阀的闸板紧压在阀座上，使阀门开启困难。

2. 解决措施

当阀门难以开启时不应借助其它器械（如加力杆）强行开启，以免损坏阀门。应分析其原因，采用不同的方法解决。

① 若是因温度变化，导致闸板楔住，应先拧松阀盖螺母，然后用锤轻轻敲击阀底，并试探地转动手轮。如仍不能转动则用蒸气、热水加热阀体底部，使阀体膨胀，即可开启。

② 若是因阀门冻结而造成开启困难，则可用热水浇淋阀体，使冰融化，即可开启。

③ 若是因为螺纹被锈蚀，则可用汽油浸润阀杆螺纹和螺母，然后用棉纱擦除铁锈，再涂上润滑油，即可开启。

④ 若因阀杆严重弯曲造成开启困难，则应停止使用。首先卸下阀盖取出阀杆，然后矫正或更换阀杆。

⑤ 若因阀腔内压力太大造成开启困难，则可松开填料压盖，使阀腔内介质泄漏出来，待阀腔内压力降低后，即可开启阀门。

（五）阀体断裂

有些石油库出现过阀体断裂、破损等现象，导致发生漏油和跑油的重大事故。经调查分析，发现断裂和破损的阀门几乎全部是铸铁阀。

1. 故障原因

① 断裂的铸铁阀大多数是从中间对称裂开，这主要是铸造质量低劣所造成的。

② 由于铸铁具有脆性，抗拉强度低。当阀腔内的水结冰、体积膨胀时，将产生很大的内压力，而导致阀体被胀裂。

③ 管道随温度变化而伸缩，在管道的某些部位会出现应力集中，若铸铁阀处在这些部位，则可能导致阀体断裂。

④ 若阀门的密封性能较好、阀门处于关闭状态、并且阀腔存满了油品时，由于油品会随温度升高而膨胀，可能导致阀体被胀裂。

2. 预防措施

① 尽可能不选用铸铁阀。

② 不要把铸铁阀安装在转角处，避开管道上应力集中的部位。管道上应设置温度补偿器以减小热应力。

③ 不要把阀门安装在管道的低洼处，以免阀腔内积水。冬季应对阀门采取保温措施。

④ 阀门安装前应进行密封试验，管道上的阀门应定期拆下来进行检查，并进行强度和密封性能试验。

（六）气动阀动作失灵

石油库中使用的气动阀大多数是气缸式气动闸阀。使用过程中发现气动闸阀出现密封不良、工作不可靠、阀门动作的滞后时间较长，甚至不动作。

1．故障原因

① 压缩空气不清洁，空气中的杂质和水分堵塞了气路。在冬季，因水分结冰而导致气路堵塞的现象更常见。

② 气路被损坏或被腐蚀穿孔，导致管道漏气。

③ 由于同时启闭几个阀门所需的压缩空气量大，将造成气压下降；或因气路长、摩擦阻力大，而造成气压不足。

④ 气缸被锈蚀、穿孔、活塞上 O 形密封圈损坏或老化而引起漏气。

⑤ 控制电路出现故障。

2．预防和解决措施

① 选择吸附性能较好的过滤材料，以除去空气中的杂质和水分。并经常清除过滤器中的杂物和水分，更换过滤器中的吸附材料。

② 加强对气路的维护，及时修复被损坏的气路。

③ 采用较大的管道给较远和用气量较大的场所供气，保证气路终端有足够的气压。

④ 清除气缸中的铁锈，保证气缸与活塞之间的密封和润滑。

⑤ 经常检查控制电路。

二、截止阀的常见故障

截止阀主要用于水和蒸汽管道上，而在油品管道上用得较少。截止阀同样存在内泄漏和外泄漏的问题，鉴于其泄漏原因与闸阀相似，所以在此不再赘述。下面主要分析电磁驱动的先导式截止阀存在的问题。

(一) 工作不可靠

在发出启闭阀门的指令后，有时电磁阀不能及时启闭，甚至不动作。

1．故障原因

① 先导阀被杂质堵塞，使阀腔内介质不能流出，无法卸压导致阀门不能开启。

② 介质压力太低，致使阀门开启困难。

③ 控制电路出现故障。

2．预防和解决措施

① 滤除介质中的杂质，保持介质的清洁。

② 保证阀门入口端有足够的压力。

③ 排除控制电路的故障。

(二) 密封性能不佳

很多电磁阀都存在内泄漏现象，造成油品损失。

1．故障原因

① 先导阀关闭不严，导致主阀关闭不严。

② 橡胶膜片老化、破损，使主阀不能关闭。

③ 压力太低，使主阀关闭不严。

2．预防和解决措施

① 修复泄漏的先导阀。

② 更换橡胶膜片。

③ 保证阀门入口端有足够的压力。

三、球阀的常见故障

球阀具有操作灵活、启闭迅速的特点，常用于收发油管道上。在使用过程中，主要存在下述问题。

（一）密封性能欠佳

某些石油库中使用的球阀存在不同程度的内泄漏现象。由于球阀通常用在发油管道上，因此油品被直接泄漏到大气中，即造成油品损耗、污染环境、还会危及石油库的安全。

1．故障原因

球阀是靠球体与软质密封圈吻合而实现密封的，因此其密封性能应该是很好的。导致球阀密封性能不好的原因主要有：

① 密封圈被磨损、擦伤或老化、断裂。

② 介质不清洁、球体与密封圈接触面上夹有固体杂质导致密封面吻合不紧密。

③ 浮动式球阀的阀体和球体因温度升高而膨胀，但因两者的膨胀量不同，而导致球体与阀座之间的间隙增大。

④ 固定式球阀的阀弹簧疲劳或断裂，造成密封副之间的间隙增大。

2．预防和解决措施

① 严禁用球阀调节流量。因为在节流时，密封圈和球体容易被介质冲刷、磨损，导致密封副不能紧密吻合。而且还会出现“咬圈”现象，并损坏密封圈。

② 滤除介质中的杂质。

③ 及时更换被磨损的密封圈。

④ 及时调整两半阀体之间的间隙，使球体与密封圈之间能紧密吻合。

⑤ 及时更换失效的阀座弹簧。

（二）启闭力矩大

在使用过程中，浮动式球阀经常出现启闭费力的现象，给操作带来不便。

1．故障原因

球体和阀体随温度升高而膨胀，导致球体与密封圈接触面的比压增大，因而摩擦力增大使启闭力矩随之增大。

2．解决措施

经常调整两半阀体之间的间隙，便密封副之间始终保持适当的比压并保持启闭轻便，密封良好。

四、止回阀的常见故障

止回阀大多被安装在离心泵的出口处，以防止介质倒流。在使用过程中，主要存在下述问题。

（一）密封性能差

止回阀主要用来防止介质倒流，因此对密封性能的要求不高。近来一些石油库采用了较为先进的液下喷射氟旦白泡沫液的消防技术，由于泡沫管上的止回阀密封性能不好，内泄漏严重，使油品从一个油罐顺泡沫管流到另一个油罐或消防泵房内。

1．故障原因

① 止回阀的阀瓣和阀座通常都是采用金属作为密封材料，金属与金属的密封副允许有一定的泄漏量。

② 止回阀是依靠阀瓣的重量、介质压力或弹簧弹力来保证密封的。当介质压力不大时，密封面接触不严密，导致泄漏。

③ 当介质倒流时，阀瓣撞击阀座可能损坏密封面，降低密封性能。

2．解决措施

① 把阀瓣或阀座的密封材料改为橡胶，以构成软密封，提高密封性能。

② 在止回阀中增加弹簧，借助弹簧弹力来提高密封比压，以达到良好的密封效果。

（二）动作失灵

石油库中存在因止回阀动作失灵、不能关闭的现象。致使介质倒流，冲击叶轮、烧毁电机。

1．故障原因

① 升降式止回阀的导向筒和导向套筒被锈蚀、或因导向套筒上的泄压孔被堵塞，导致阀瓣不能自由地升降，造成止回阀动作失灵。

② 旋启式止回阀摇杆和摇杆销被锈蚀，使阀瓣旋转不灵活，造成止回阀动作失灵。

③ 安装不合要求，造成阀瓣动作失灵。

2．预防措施

① 定期检查，保证各部件的完好。

② 按设计要求安装止回阀。

五、安全阀的常见故障

安全阀通常被用在容积式泵的出口管道上和蒸汽管道上，以防管道超压而损坏管件。安全阀主要存在以下问题：

（一）密封不严

安全阀常出现介质泄漏的现象。

1．故障原因

① 弹簧松弛或断裂，使密封比压降低，造成密封面接触不良。

② 阀瓣和阀座密封面被磨损，密封面上夹有杂质，使密封面不能密合。

③ 安全阀开启压力与设备工作压力太接近，以致密封比压太低，造成密封面接触不良。

④ 阀门制造质量低，装配不当。

2．预防和解决措施

① 更换弹簧。

② 修复或更换阀瓣和阀座密封面。

③ 调整安全阀的开启压力，使其大于设备工作压力。

④ 选择质量较好的阀门。

（二）提前开启

有时在介质压力还没有达到规定值时，安全阀就开启了，影响了设备的正常工作。

1．故障原因

① 开启压力没有调整准确，低于规定压力。

② 弹簧松弛或被腐蚀，导致开启压力下降。

③ 随着温度的升高，弹簧的弹力将降低，而导致阀门提前开启。

2．预防措施

① 重新调整开启压力，使其等于规定压力。

② 更换弹簧。

③ 若介质温度较高，应换成带散热片的安全阀。

（三）阀门不动作

有时当介质压力超过了规定值，而阀门仍不动作，导致管件被损坏。

1．故障原因

① 开启压力没有调整，高于规定压力。

② 阀瓣被脏物粘住或阀门通道被堵塞。

③ 阀门运动部件被卡死。

④ 因气温太低，安全阀被冻结。

⑤ 背压增大，使介质压力达到规定值时，阀门不能起跳。

2．预防和解决措施

① 重新调整开启压力。

② 清除阀瓣和阀座上的杂物。

③ 对阀门采取保温和伴热措施。

④ 检查阀门，排除卡阻现象。

⑤ 防止背压增大。

第四节　阀门的安装与检修

一、阀门的选用

1．各种阀门的特性

（1）旋塞阀

利用阀件内所插的中央穿孔的锥形栓塞控制启闭。由于密封面的形式不同，又分填料旋塞阀、油密封式旋塞阀和无填料旋塞阀。

选用特点：结构简单，外形尺寸小，启闭迅速，操作方便，流体阻力小，便于制作成三通路或四通路阀门，可作分配换向用。但密封面易磨损，开关力较大，易卡死，该种阀门不适用于输送高温、高压介质（如蒸汽），适用于一般低温、低压流体，作启闭用，不宜作调节流量用。适用于一般放水、放气、灌油、液面指示器等处。

（2）闸阀

闸阀的阀体内有一平板与介质流动方向垂直，平板升起时阀即开启，该种阀门由于阀杆的结构形式不同可分为明杆式和暗杆式两类。一般情况下明杆式适用于腐蚀性介质及室内管道上，暗杆式适用于非腐蚀性介质及安装操作位置受限制的地方。明杆闸阀开闭明显，减少了跑油、混油的可能性，石油库中使用较多。石油库安装暗杆闸阀时，应明确规定开闭标记，以防误操作。根据阀芯的结构形式闸阀可分为楔式、平行式和弹性闸板。一般楔式大多制造成单闸板，平行式闸阀两密封面是平行的，大多制造成双闸板，从结构上讲平行式比楔式闸阀易制造，好修理，不易变形，但不适用于输送含有杂质的介质，只能用于输送一般的清水。弹性闸板是一整块的，由于密封面制造、研磨要求较高，适用在较高温度下，多用于粘性较大的介质，在石油、化工行业应用较多。

选用特点：闸阀密封性能较好，流体阻力小，开启、关闭力较小，应用比较广泛，闸阀也具有一定的调节流量性能，并可以从阀杆的升降高度看出阀的开度大小。闸阀一般适用于大口径的管道上，但该种阀结构比较复杂，外形尺寸较大，密封面易磨损，目前正在不断改进中。闸阀主要用作切断用，不作节流用。

（3）截止阀

截止阀是利用装在阀杆下面的阀盘与阀体的突缘部分相配合来控制阀的启闭。

选用特点：阀的结构较闸阀简单，制造、维修方便，截止阀可以调节流量，应用广泛，但流体流动阻力较大，为防止堵塞或磨损，不适用于流通带颗粒和粘度较大的介质。常用于小口径的输油管道或水管、蒸汽管道上全开或全闭，一般不用来调节或节流用。截止阀按通道方向分为三类：直通式、直流式和角式。

（4）球阀

球阀是利用一个中间开孔的球体作阀心，靠旋转球体来控制阀的开启和关闭，该阀也和旋塞阀一样作成直通、三通或四通的，是近几年使用较多的阀型之一。

选用特点：球阀结构简单，体积小，零件少，重量轻，开关迅速，操作方便，流体阻力小，制作精度要求高，但由于密封结构及材料的限制，目前生产的阀不宜用在高温介质中。按其结构形式基本上分为浮动球阀和固定球阀两类。球阀在管道中做全开或全关用，可安装在管道的任何位置，靠旋转手柄来达到开闭。

（5）蝶阀

蝶阀的开闭件为一圆盘形，绕阀体内一固定轴旋转达到开闭。

选用特点：结构简单，外形尺寸小，重量轻，流体阻力小，省力等。适合制造较大直径的阀，由于密封结构及材料尚有问题，故该种阀门只适用于低压，用来输送水、空气等介质，作切断和节流用。按其结构形式主要分为偏置板式、垂直板式和斜板式 3 种。

（6）止回阀（单向阀、逆止阀）

是一种自动开闭的阀门，在阀体内有一阀盘或摇板，当介质顺流时，阀盘或摇板即升起打开，当介质倒流时，阀盘或摇板即自动关闭，故称为止回阀。由于结构不同又分升降式和旋启式两大类。升降式止回阀的阀盘，是垂直于阀体通道作升降运动，一般应安装在水平管道上，立式的升降式止回阀应安装在垂直管道上，旋启式止回阀的摇板是围绕密封面作旋转运动，一般应安装在水平管道上，对小口径管道也可安装在垂直管道上（要注意水击不能太大）。

选用特点：止回阀一般适用于清净介质，对有固体颗粒和粘度较大的介质不适用。升降式止回阀的密封性能较旋启式为好，但旋启式的流体阻力又比升降式为小，一般旋启式的止回阀多用于大口径管道上。

（7）疏水器

在石油库蒸汽加热系统中，为了使系统正常运行，顺利地排出管道和加热器内的凝结水，防止设备传热效率降低，引起水击现象，造成设备损坏，同时又能使凝结水顺利地引至凝水管，避免蒸汽的损失。因此，必须在凝水管上安装疏水器，排水阻汽。

疏水器的种类很多，石油库蒸汽管道中常用的有：浮桶式、吊桶式及热动力式等。浮桶式疏水器的特点是动作稳定，不易被卡住，适用于疏水量较多的地方。吊桶式疏水器的特点是稳定可靠，使用时不需调整，但动作迟缓，有漏气现象，需保温，且阀和销钉尖部磨损较快。热动力式疏水器结构简单，排水量大，维修方便，动作灵敏可靠，适用于中、高压管道上，最低压力不能小于0.49MPa。但是阀片与阀座间有时密合不好，漏汽量较大。

疏水器设计排水量及压力差，可由有关产品样本或手册选定。

石油库常用疏水器的名称、型号和技术数据见表5－2。

表5－2　石油库常用疏水器性能比较

名　称	型　号	公称压力/MPa	最高介质温度/℃	阀体材料	介　质	直径范围/mm
热动力式疏水器	S19H－10	1	200	灰铸铁	冷凝水	15～25
热动力式疏水器	S19H－16	1.6	200	灰铸铁	冷凝水	15～50
热动力式疏水器	S19H－25	2.5	200	碳钢	冷凝水	15～50
脉冲式疏水器	S18H－25	2.5	200	低碳钢	冷凝水	15～50

（8）安全阀

当介质压力超过规定值时阀瓣自动开启，排放到低于规定值时自动关闭，对管道或设备起保护作用的阀门叫做安全阀。

安全阀按其结构形式不同分为弹簧式、杠杆式和先导式3种。安全阀选择时，由操作压力决定安全阀的公称压力；由操作温度决定安全阀的使用温度范围；由计算出的安全阀的定压值决定弹簧或杠杆的调压范围；根据操作介质决定安全阀的材质和结构形式；根据安全阀泄放量计算出安全阀的喷嘴面积或喷嘴直径。

2. 阀门类型的选择

石油库中各种管道都有不同的工艺特点，其介质特性、介质压力、使用环境都不相同。因此在选择阀门时，应遵循“满足工艺要求、安全可靠、经济合理、操作维修方便”的基本原则。

① 双流向的管道应选用无方向性的阀门，如：闸阀、球阀、蝶阀。

② 要求快速启闭的管道应选用球阀和蝶阀。

③ 要求阀门密封性能好的管道应选用闸阀和球阀。

④ 要求阀门可靠性好的管道应选用平板阀、弹性闸阀和球阀。

⑤ 要求减少摩擦阻力损失的管道应选用球阀和闸阀。

⑥ 要求自动控制的管道应选用气动阀、电动阀和电磁阀。电动阀和电磁阀使用时应注意防爆等级不得低于ⅡAT3。

⑦ 压力管道上应根据具体情况设置安全阀。

⑧ 蒸汽管道和供热管道上应设置疏水阀。

3. 阀门通径的选择

阀门通径应根据设计流量、介质特性和管道通径来决定，其理论计算如公式（5-2）所示。油品在管道内的平均流速如表5-3所示。

$$d=\sqrt{\frac{4Q}{\pi v}} \tag{5-2}$$

式中 d——阀门通径 m；

Q——体积流量 m^3/s；

v——平均流速 m/s。

表5-3 各种介质平均流速

介质	汽、煤、轻柴、水	重柴、重油、润滑油	低压蒸汽	中压蒸汽	低压空气
平均流速/（m/s）	2.0~2.5	1.0~1.5	15~20	20~40	10~20

二、阀门的安装

各种阀门有不同的结构，因此应根据阀门的结构特点，正确安装。

1. 安装要求

① 阀门的安装方向。安装阀门时，应使介质流向与阀体上箭头指向一致。截止阀、止回阀、安全阀、减压阀、疏水器和某些蝶阀的阀体上都铸有箭头。闸阀、旋塞阀、球阀和某些蝶阀液体可双向流动，因此阀体上没有流向标志。

② 阀门的安装姿态。应根据阀门结构的要求和便于操作这两方面来确定阀门的安装姿态。通常按阀杆垂直向上、阀体水平的姿态安装。为了便于操作，手动的单闸板闸阀、截止阀、旋塞阀、球阀和蝶阀可以随意安装，但不允许阀杆倒立安装；电动和气动阀门只能直立安装；双闸板闸阀和升降式止回阀只能垂直安装；旋启式止回阀可以水平安装、倾斜和垂直安装，但必须保证阀瓣的转轴处于水平方向；安全阀和疏水阀只能水平安装。

③ 阀门的安装高度。阀门的安装高度以其操作机构与地面的距离在1.2m左右为宜，此时手轮与人胸口平齐，便于操作。当手轮离操作地面为1.8m时，应设置操作平台。

④ 阀门的间距。相邻管道上的阀门应留有一定的间距，以便于操作、维修和装卸。阀门手轮间的净距通常不得小于100mm。

⑤ 通径大于80mm的阀门应设置支座，不能利用油罐或油泵来支撑阀门。

⑥ 安装阀门时，应使阀门保持关闭状态，以防杂质进入阀体内。

⑦ 应根据管道安装设计图进行安装。对一般阀门的安装位置和走向，安装时可根据实际情况作适当变动。

2. 安装步骤

① 安装前必须仔细核实所用阀门是否符合使用要求，如型式、口径、公称压力、适用介质等。

② 清除阀腔内和密封面上的杂质。未清除杂质前，切勿启闭阀门。

③ 按介质的特性选择合适的填料，并检查填料是否压紧。但不能压得太紧，以免妨碍阀杆的转动。

④ 阀门起吊时，吊索不允许系在手轮上，而应系在阀体上。应轻吊轻放，严禁撞碰敲打，以防损伤阀门，特别是防止损伤密封面和阀杆。

⑤ 安装法兰连接阀门时，法兰应与管道法兰平行，法兰间隙应适当，不应出现错口、张口等缺陷。法兰间应选择合适的垫片（耐油橡胶石棉板、聚四氟乙烯垫片），垫片应放置正中，不能偏斜。螺栓应对称拧紧，不能过松或过紧。螺栓拧好后，用塞尺检查各方位的间隙是否一致。

⑥ 螺纹连接的阀门应将密封材料（聚四氟乙烯生胶带、铅油麻丝）包在螺纹上，然后再拧紧。注意不要把密封材料弄到阀腔内。对于铸铁和非金属阀门，螺纹不应拧得过紧，以免胀裂阀门。

⑦ 安装焊接阀门时，应先对准、点焊好，然后开启阀瓣，最后整体焊牢。焊接完毕后，应先检查焊缝是否有气孔、夹渣和裂纹等缺陷。检查合格后，还应对管道和阀门进行吹扫和冲洗。

三、阀门的修理

1．阀门的检修程序

① 拆卸阀门时，应在阀门与管道连接处的法兰上打上钢印编号，并记录该阀门的工作介质、工作压力和介质温度，以便修理时选用相应的材料。

② 检查阀体、阀盖有无裂纹，阀杆是否弯曲，阀杆螺纹、螺母的磨损情况，以及密封面的磨损程度。

③ 对阀门进行强度和密封试验。强度不合格的应予更换；密封性能不合要求的应视实际情况，进行研磨或更换。

④ 对各种阀门缺陷，采用相应的方法进行修复。

⑤ 组装阀门，应更换所有的填料和垫片。

⑥ 组装后，还应进行强度和密封试验，并填写检修记录。

2．阀体和阀盖的修理

(1) 阀体和阀盖的修理

由于阀体和阀盖在铸造中容易产生夹渣、气孔等缺陷，在介质的腐蚀和冲刷下，容易出现泄漏现象。此时，可采用下述方法堵漏。

① 卡箍堵漏法。这是一种不损坏阀门、不需动火的堵漏方法，适用于圆柱体表面的泄漏部位。如图 5－2 所示。修理时先清理泄漏处表面，磨光泄漏部位，然后制一个合适的卡箍，在卡箍与泄漏表面之间夹一块密封垫（耐油橡胶、聚四氟乙烯），上紧卡箍即可堵漏。

② 螺钉堵漏法。这种堵漏法适用于压力较高的阀门、阀盖的泄漏部位。如图 5－3 所示。修理时先清理泄漏处的油污，将事先选好的螺母点焊在阀体表面，然后把密封垫盖在泄漏点上，拧紧螺钉即可堵漏。

③ 焊接堵漏法。先清理泄漏处，并把泄漏点加工成 U 形坡口，然后选用合适的焊

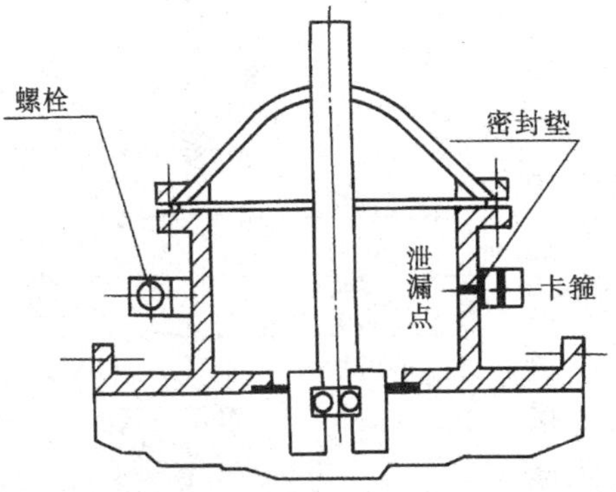

图 5-2　卡箍堵漏法

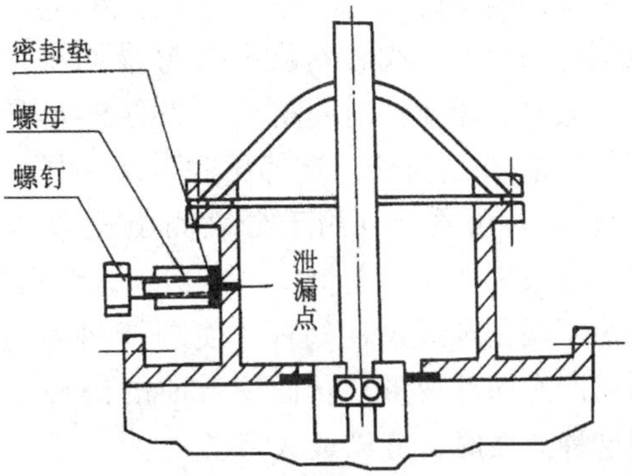

图 5-3　螺钉堵漏法

条，按照焊接规范进行焊接。最后检查焊缝有无气孔、虚焊、裂纹等缺陷。

④ 粘接堵漏法。这种堵漏法简单易行、安全可靠、不动火、不损伤阀门，是一种适合石油库使用的堵漏方法。粘接前，先把泄漏点周围清洗干净，用丙酮除去泄漏点的油污，然后将铅块楔入泄漏孔中，再用胶粘剂涂在泄漏孔中和孔的周围，最后用玻璃布覆盖2~3层，每层都用胶粘牢，待胶粘剂固化后即可使用。胶粘剂应选用耐油、耐压的干性附着型密封胶，如“Y-150”和“铁锚300”等厌氧密封胶。

干性附着型密封胶的配方如下：液体环氧树酯100份、石墨粉25份、邻苯二甲酸二丁酯6份、硅藻土15份，使用时再加入适量的乙二胺。

(2) 法兰面的修理

法兰面的伤痕及不平整度不超过0.3mm时，可用砂布、研磨剂进行研磨，也可用刮刀进行刮研。对于大于0.3mm的伤痕，应选用车床车削法兰面，然后再进行研磨。

① 法兰面的刮研。刮研适用于比较光滑的平面法兰。首先在法兰面上均匀地涂上一层红丹，然后用标准平板放在法兰面上旋转。拿开标准平板，检查法兰面上的印痕，印痕不匀说明法兰面不平，可用刮刀把法兰面的高处刮掉。反复进行着色检查和刮研，直至符合要求为止。

② 法兰面的互研。互研适用于两者都有轻微缺陷的法兰面。研磨时可选用粒度为280号以上的白刚玉研磨剂，用煤油稀释后均匀地涂在法兰面上。然后将一个阀件放在另一个阀件上，使两法兰面贴合在一起，用手来回旋转上面的阀件，利用阀件的自重进行研磨。在研磨过程中，应经常上下相互倒换位置，直至缺陷消除为止。

3. 阀杆的修理

(1) 阀杆的矫直

当阀门关闭太紧或阀杆被碰撞时，容易造成阀杆弯曲。阀杆弯曲后不仅影响阀门的正常操作，还会造成介质的泄漏。因此应视其弯曲程度，对阀杆进行矫直或更换。

① 静压矫直法。将阀杆置于两只V形块之上，用千分表测量阀杆弯曲的程度，测出最大弯曲点的位置和最大弯曲量；然后调整两块V形块的位置，使阀杆的最大弯曲点处在两只V形块中间，并使弯曲点朝上。转动手轮，使螺杆压在最大弯曲点，迫使弯曲点朝反方向弯曲，并保持一定时间，直至阀杆恢复直线状态。

阀杆的弯曲量应视阀杆刚度而定，刚度大、直径大，则压弯量也大。压弯量通常为弯曲量的 8~15 倍。施压时间也应视阀杆材质和压弯量而定，刚度大、压弯量大时，所需的时间越长。如图 5-4 所示。

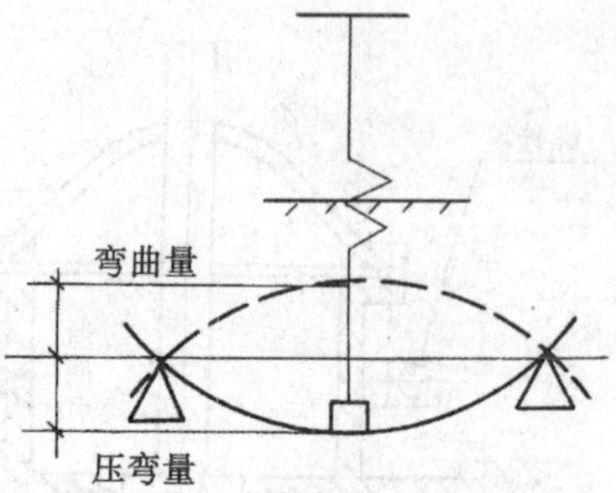

图 5-4　静压矫直法

② 冷作矫直法。与静压矫直法一样，把阀杆置于两只 V 形块之上，用千分表测出最大弯曲点和弯曲量，在最大弯曲点下垫一块硬木块，使阀杆凹侧朝上。用锤子敲击圆弧形的阀杆，使阀杆两侧的金属受到挤压而产生塑性变形，从而使弯曲的阀杆得以矫直。采用这种方法时，应以最大弯曲点为中心，左右对称地敲击阀杆。离弯曲点越远，敲击力越小。

冷作矫直法具有矫直精度容易控制、矫直后的稳定性好的优点。但矫直的弯曲量不大，一般不超过 0.5mm。由于冷作矫直法会在阀杆上留下缺口，因此不能用来矫直与填料接触的阀杆部分。

③ 火焰矫直法。用气焊的中性火焰快速加热阀杆的弯曲点，使其温度达到 450℃以上，然后迅速冷却，则弯曲的阀杆会恢复到直线状态。这是因为：被加热的阀杆部分随温度升高而膨胀，当被加热到塑性状态时，由于受到周围冷金属的阻碍，将不能再向两侧膨胀了。但在冷却时，其收缩量与温度降低幅度成正比，于是其收缩量大于膨胀量，在应力的作用下，阀杆得以矫直。

火焰矫直法的效果与加热温度、加热面积、加热形状和热透层深度有关。矫直温度一般为 200~600℃，阀杆直径小、弯曲量小、温度可低些，反之则应高些。加热宽度与阀杆直径相同，加热长度一般为阀杆直径的 2~2.5 倍，加热深度为直径的 1/3。当加热深度小于或大于直径的 1/3 时，矫直量将减小。为防止阀杆全部热透，应控制加热时间，也可在加热部位背面垫上湿布。

(2) 阀杆的研磨

阀杆上有两个密封面：一个是与填料接触的圆柱形密封面，另一个是与阀盖接触的被称为上密封或倒密封的锥形密封面。圆柱形密封面与石棉、石墨等填料接触时容易发生电化学腐蚀，产生斑点凹坑，上密封面也容易被介质腐蚀。阀杆被腐蚀后，可采用研磨的方法进行修复，腐蚀严重时应予更换。

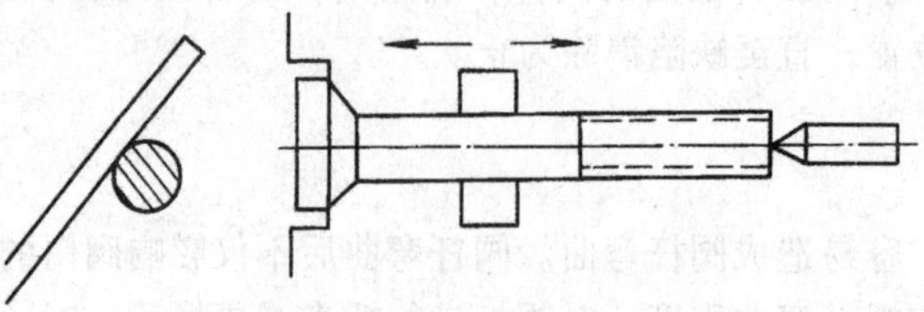
图 5-5　阀杆的机械研磨

① 阀杆圆柱形密封面的研磨。如图 5-5 所示，将阀杆夹持在车床上，在圆柱形密封面上均匀地涂上研磨膏（粗研时选用粒度为 80~280 号刚玉研磨膏，精研时选用粒度为 280 号~W_5 的刚玉研磨膏）。然后用平面研具或环形研具压在旋转的阀杆密封面上，不断地左右均匀移动研具，直至密封面达到要求为止。

如果阀杆被腐蚀和损坏的程度较轻，可用硬木或铜板包住阀杆，然后夹在老虎钳上。选用粒度为 280 号以上的金刚砂布，把砂布撕成长条形，包在阀杆上。上下来回拉动砂布，并不断地更换角度，直至密封面符合要求为止。

② 阀杆的上密封修理。上密封修理可采用刮研、互研或研磨的方法进行修复。

a. 刮研。先在阀杆的上密封面上均匀涂上红丹，将阀杆插入阀盖中旋转。根据上密封面上的印影情况确定逢研部位，然后用刮刀进行刮研。重复进行着色和刮研，直至上密封面能较好地密合为止。

b. 互研。在上密封面均匀涂上研磨膏，将阀杆套入阀盖中不停地旋转。直至密封面能密合为止。

c. 研磨。选用带锥面的铸铁环作研具，把研具套在阀杆上，在研具与密封面之间涂上研磨膏，旋转研具进行研磨，直到密封面能较好地密合为止。

4. 密封面的研磨

(1) 闸阀密封面的研磨

闸阀密封面的研磨包括阀座密封面和闸板密封面的研磨。因为闸板比阀体轻，所以通常是先对阀座进行整体研磨，然后根据闸板与阀座的密合情况，对闸板进行局部研磨和整体研磨。

① 阀座密封面的研磨。通常是采用整体研磨的方法来提高阀座密封面的平整度、降低密封面的粗糙度。如图 5-6 所示，在研具与导向板之间夹砂布（砂纸）或在研具与阀座之间加研磨剂，通过摇杆带动研具旋转，以实现阀座的整体研磨。

选择研磨剂、砂布时，应根据密封面的材质来选取。磨料的粗细应根据研磨的精度来选用。一般在粗研时选择粒度为 80~280 号的磨料，精研时选用 280 号~W_5 的磨料。

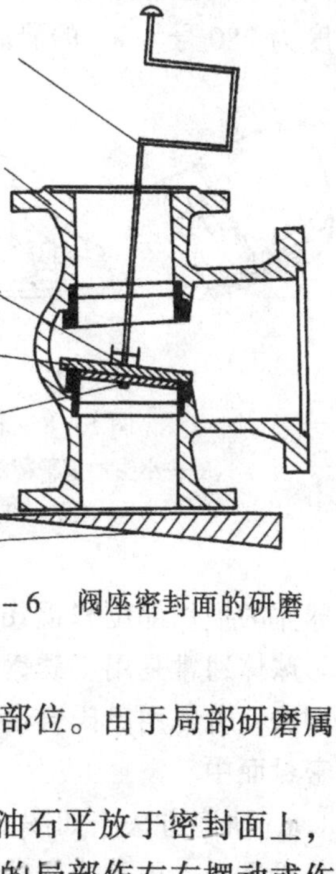

图 5-6 阀座密封面的研磨

② 闸板密封面的研磨。研磨闸板时，通常是先进行局部研磨，使闸板与阀座能较好地密合，以提高整个闸板密封面的平整度；然后再进行整体研磨，以降低密封面的粗糙度。

a. 局部研磨。研磨时先对闸板密封面进行红丹着色，然后对密封面的印影进行分析，以确定需要进行局部研磨的部位。由于局部研磨属于粗研，因此应选用较粗的磨料，以提高研磨效率。

图 5-7 (a) 是用油石进行局部研磨的示意图。选用长方形油石平放于密封面上，用手平稳地握住油石，并使食指自然地压在油石上。使油石在闸板的局部作左右摆动或作弧形运动，直至密封面局部缺陷消除为止。研磨时应加一些机油、油酸等润滑剂，以提高研磨质量，避免密封面拉毛。

图 5-7 (b) 是用砂布（砂纸）进行局部研磨的示意图。在研具的一端垫上布或纸，并用手将研具压在密封面上，作为定点。研具的另一端垫上砂布或砂纸，用食指夹持砂布，并用拇指压在上面，使研具不停地左右摆动，直至局部缺陷消除为止。

图 5-7 (c) 是用砂轮片进行局部研磨的示意图。其方法与用砂布研磨相同。但砂轮片研磨的效率高，适用于局部研磨量较大的部位。

图 5－7（d）是用研磨剂进行研磨的示意图。用手夹持闸板，将其平放在涂有研磨剂的平板上，用食指压在需要研磨的部位上，使闸板在平板上作 8 字形运动。这种方法适用于较小的闸板的研磨。

图 5－7（e）是用铲刀刮研的示意图。密封面试红后，根据印影分布情况，用铲刀刮研密封面的凸出部位。经多次刮研后，可得到较平整的密封面。

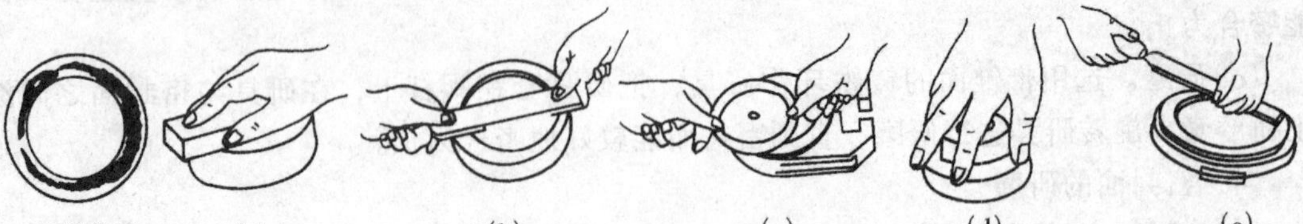

印影分布　(a)　(b)　(c)　(d)　(e)

图 5－7　闸板的局部研磨

b．整体研磨。整体研磨时，应使研具始终覆盖着密封面，使密封面的各部位均匀受压，以提高整个密封面的平整度和降低密封面的粗糙度。

闸板的整体研磨属于精研，因此应选用平整度较高、粗糙度较低的研具，同时应选用粒度为 280 号～W_5 的研磨剂。

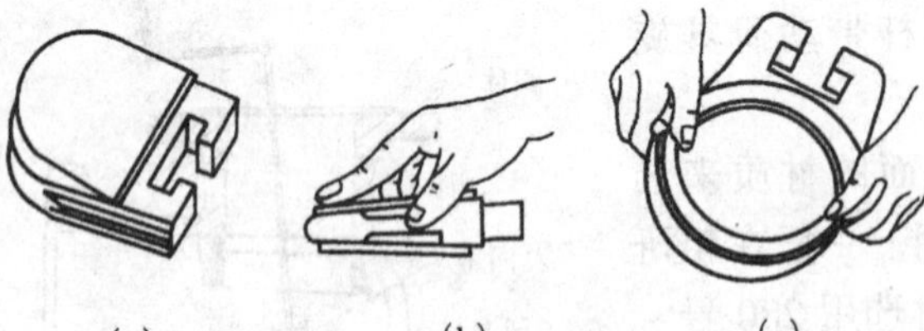

(a)　(b)　(c)

图 5－8　闸板的整体研磨

(a)—小头加重平衡法；(b)—单手施压平衡法；(c)—双手过半平衡法

由于楔式闸板厚薄不一，容易产生偏磨现象。因此在研磨时，应附加一个平衡力，使楔式闸阀的整个密封面得到均匀磨削。图 5－8 为常用的 3 种平衡法。

（2）球阀密封面的研磨

球阀的研磨包括球体的研磨和阀座的研磨。

① 球体的研磨。研磨前应先对球体进行外观检查和着色探伤，了解球体的损伤部位和损伤程度，然后根据损伤程度和球体材质来确定研磨部位和研磨方式。球体通常是用不锈钢或巴氏合金等材料制成。如果是用不锈钢制成的，则可采用研磨的方法；若是用巴氏合金制成的，则应采用刮研的方法。因为巴氏合金较软，磨粒容易嵌入密封面中。

a．研磨方法。如图 5－9 所示，将研具平放，在研具内均匀涂上一层研磨剂，将球体放入研具内。用手按住球体，使球体既作上下滚动，又作水平回转运动。同时不断调整着力点的位置，使球体的整个密封面被均匀研磨。在研磨过程中，用力要平稳，整个密封面的研磨几率应相等，不允许只研磨有缺陷的部位。粗研时应选用粒度较粗的磨料，精研时应换成较细的磨料和精度较高的研具。

b．研具的制作。图 5－9 所示的研具是由 1～2mm 的铝板或低碳钢板冲压而成。首先在钢板上敲一个球体大小的凹形，然后放入炉中加热。待钢板变软后，把钢板放到一根短管上（短管直径与球体直径相近），然后把球体放在钢板上，用手锤敲击球体，反复进行加热、敲击，直至球体与钢板凹面完全吻合为止。

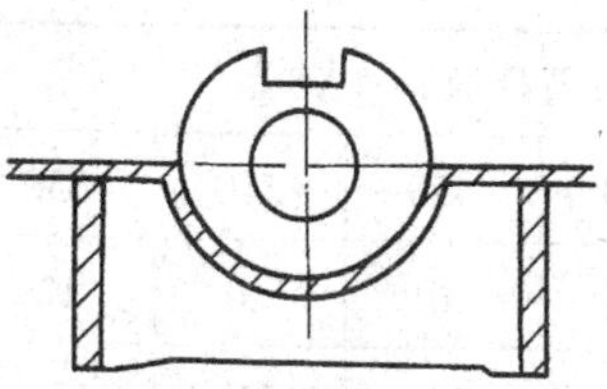

图 5-9　球体的研磨

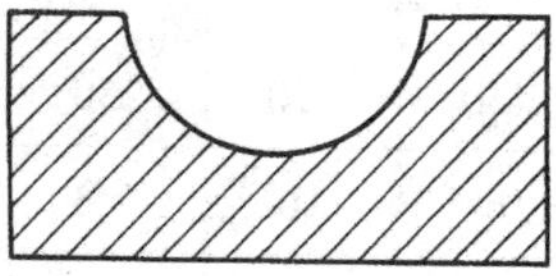

图 5-10　球形研具

图 5-10 所示的研具是用铸铁铸造成毛坯后，在车床上加工而成。其球形面积应小于半球面，球的表面粗糙度应低于 $\overset{3.2}{\bigtriangledown}$ 。

图 5-11 所示的研具不需要进行机加工，制作简便。其制作方法是：将需要研磨的球体的完好球面作模具，用丙酮洗净，涂上由 5%的聚苯乙烯加 95%的甲苯组成的脱模剂。用纸板或软金属圈成一个圆筒。在 100g70℃左右的环氧树脂中加入 15g 邻苯二甲酸二丁脂并调匀。然后加入 250g 磨料（白刚玉、碳化硅等），调匀并加热到 80℃。待冷至 35℃时，再加入适量乙二胺，调匀后立即倒入圆筒中，同时在圆筒内预埋一只螺栓。待固化后起模，经修整后即为该球体的研具。

② 阀座的研磨和刮研。球阀的阀座是由金属或非金属制成，金属材料制成的密封面可以进行研磨或刮研；非金属材料制成的密封面，由于质地较软，不能研磨，只能进行刮研。

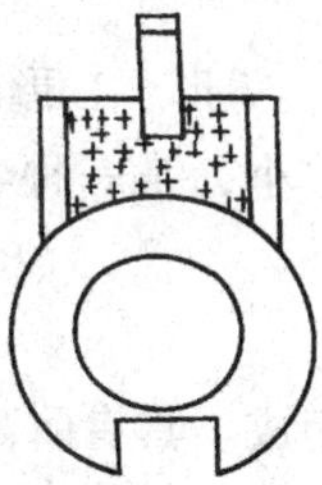

图 5-11　球形研具

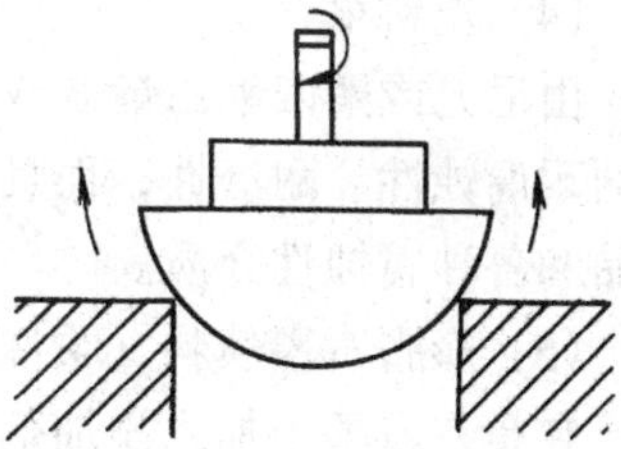

图 5-12　阀座的研磨

a. 研磨。如图 5-12 所示，用手旋转研具，同时使研具作前后左右的摆动，直至得到较理想的密封面为止。研磨后，阀座的密封面会变宽，使密封比压降低、密封性能变差。因此应再进行平面研磨或进行刮研。使密封面恢复原有尺寸。研磨所需的研具可采用机加工的方法制得，也可制作成图 5-11 所示的研具。

b. 刮研。先进行着色探伤，然后在阀座密封圈上均匀涂上红丹，使球体与阀座接触并旋转，根据密封圈上的印影情况确定刮研部位，并用铲刀进行刮研。反复进行着色检查和刮研，直至得到较理想的密封面为止。

四、阀门填料的选用

1. 填料的种类及特点

填料的种类较多，按密封原理不同可分为填隙型填料，自封型填料和带凸缘的成型填料；按材质不同，填料分为如下几种。

(1) 植物纤维填料

用麻、棉类植物浸渍、蜡等防渗材料制成。其来源丰富、价格便宜，适用于水、氨、乙酸等介质，可作为常温、低压阀门的填料。

(2) 石棉纤维填料

石棉纤维填料是在石棉中加入石墨、橡胶等材料制成。它具有较好的耐热性和吸附性，但其导热性、弹性较差，摩擦系数大，易老化。表 5-4 所示为常用的石棉填料。

表 5-4　石棉填料规格

名　称	油浸石棉填料（YS 型）				橡胶石棉填料（XS 型）				
牌　　号	250	350	450	510	250	350	450	510	550
适用压力/MPa	4.5	4.5	6	10	4.5	4.5	6	10	12
适用温度/℃	250	350	450	510	250	350	450	510	550
适用介质	水、蒸汽、空气、石油产品等				水、蒸汽、石油产品等				

（3）橡胶填料

它是在橡胶中加入适量的添加剂制成。通常是做成 O 形密封圈、V 形或 L 形密封圈填料。它具有优异的弹性和良好的耐腐蚀性，但其耐热性、导热性差，摩擦系数大，易老化。橡胶填料适用于温度不高的氨、浓硫酸等介质，由丁腈橡胶制成的填料具有良好的耐油性能，适用于各种油品介质。

（4）塑料填料

由尼龙或聚四氟乙烯制成的 U 形、V 形、L 形或 O 形填料。它具有较好的弹性和优异的耐腐蚀性、耐磨性，而且摩擦系数小，是一种较理想的阀门填料，适用于水、蒸汽、油品和各种腐蚀性介质。

（5）膨胀石墨填料（柔性石墨）

它是在石墨中加入添加剂后压制而成。具有耐高温、耐腐蚀的特点，还具有优异的自润滑性、可压缩性、回弹性和导热性，适用于除浓硫酸和浓硝酸外的一切介质，是一种理想的阀门填料。

（6）碳素纤维填料

碳素纤维是由人造丝或丙烯腈纤维经高温碳化而成。它具有优异的自润滑性能，并具有良好的弹性、耐热性、导热性和耐腐蚀性，是一种理想的新型填料。

2．阀门填料的性能要求

由于油品是易燃易爆的物品，因此对阀门填料的性能要求较高。

弹性好。弹性是填料最基本的性能指标。弹性越好的填料压紧后产生的密封比压越大，密封性能越好。

自润滑性好。自润滑性越好的填料，与阀杆表面内摩擦力越小，阀门的启闭力矩越小。

耐腐蚀性好。填料总是与介质接触，应能经受介质的腐蚀，否则将影响其密封性能，导致阀门泄漏。因此应选用耐油性能较好的填料。

不腐蚀阀杆。有些填料（石墨、石棉）容易腐蚀阀杆，致使阀杆生锈，从而影响阀门的密封性能。因此在使用这类填料时，应采取防腐措施。如在填料中加入适量的锌片，以实现阴极保护，使阀杆不被腐蚀。

使用寿命长。由于阀门的数量多，更换阀门填料的工作量大，更换填料时将影响石油库的正常作业。因此要求填料的使用寿命长。

（1）阀门填料的选用

选择填料时，应根据阀门结构、阀杆和填料函的同心度和粗糙度、介质特性、介质压力和温度等因素综合考虑，选取合适的填料。

球阀和蝶阀宜选用 O 形密封圈或聚四氟乙烯 V 形密封圈。如图 5－13（a）、（b）、（c）所示。

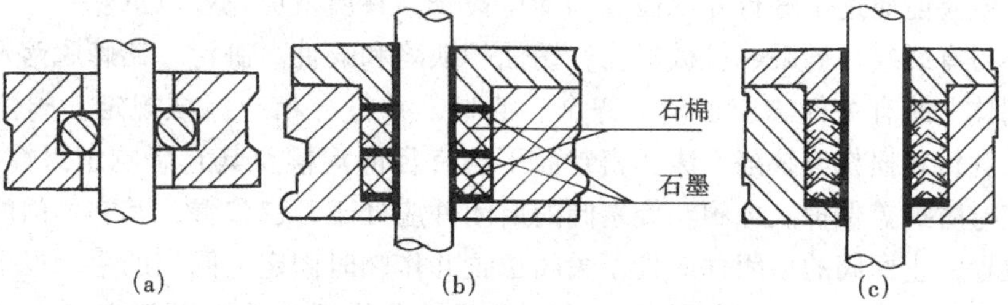

图 5－13　阀门的密封

(a)—O 形密封圈；(b)—V 形密封圈；(c)—组合密封

O 形密封圈应选用由耐油橡胶制成的，其内径应等于或略小于阀杆直径。选择 V 形密封圈时，应使 V 形密封圈的外径等于或略小于填料函内径，V 形密封圈的内径应等于或略大于阀杆外径。

闸阀、截止阀宜选用聚四氟乙烯 V 形圈、碳素纤维、膨胀石墨、石棉纤维等填料。具体选用何种填料，则应根据阀杆和填料函的腐蚀程度、粗糙度和同心度等情况来确定。

阀杆很直、阀杆与填料函的同心度较高和粗糙度较低的阀门宜选用聚四氟乙烯 V 形圈或膨胀石墨作填料。但膨胀石墨不宜单独使用，应与其它填料组合使用，如图 5－13（c）所示。为了防止因电化学腐蚀而损坏阀杆，在装填膨胀石墨和石棉纤维时，应在填料中加入适量的锌片。

阀杆较直、阀杆与填料函表面腐蚀较轻的阀门宜选用膨胀石墨和石棉纤维作填料。

输水管网上的阀门宜选用廉价的植物纤维和石棉纤维填料。输气（蒸汽、压缩空气）管网上的阀门宜选用气密性较好的膨胀石墨或选用廉价的石棉纤维填料。

第五节　阀门的管理

一、阀门检查

1．一般要求

阀门本体及填料、垫片等材质必须符合国家有关产品标准规定。阀门必须有产品合格证和制造厂的铭牌。合格证的内容应符合下列规定：

制造厂名和出厂日期；产品名称、型号；公称压力、公称通径、适用介质和温度；依据的标准、检验结论及检验日期；出厂编号；检验人员及负责检验人员签章。

铭牌上应标明公称压力、公称通径、工作温度及工作介质。对于高压阀门、合金阀门及特殊阀门还应有产品说明书，其内容包括：制造厂名；用途和主要性能指标；工作原理和结构说明；注有主要外形尺寸和连接尺寸的结构图；主要零件的材料；维护、保养、安装和使用注意事项；可能发生的故障和消除方法；附件清单。

对用于毒性程度为极度、高度危害介质及易燃、可燃介质的阀门，还应有下列试验合格证明文件：设计要求做低温密封试验的阀门，应有制造厂的低温密封试验合格证明书。石油库中使用的铸钢阀门，应有制造厂的无损检验合格证明书。

2. 阀门外观及尺寸检查

阀门在安装前应逐个进行外观检查和动作检查，其质量应符合以下规定：

外表不得有裂纹、砂眼、机械损伤，锈蚀等缺陷和缺件、脏污、铭牌脱落及色标不符等情况。阀体上的有关标志应正确、齐全、清晰，并符合相应标准规定。阀体内应无积水、锈蚀、脏污和损伤等缺陷，法兰密封面不得有径向沟槽及其它影响密封性能的损伤。阀门两端应有防护盖保护。球阀和旋塞阀的启闭件应处于开启位置，其它阀门的启闭件应处于关闭位置，止回阀的启闭件应处于关闭位置并作临时固定。阀门的手柄或手轮应操作灵活轻便，无卡涩现象。止回阀的阀瓣或阀芯应动作灵活正确，无闸心、移位或歪斜现象。旋塞阀的开闭标记应与通孔方位一致，装配后塞子应有足够的研磨余量。主要零部件如阀杆、阀杆螺母、连接螺母的螺纹应光洁，不得有毛刺、凹疤与裂纹等缺陷，外露的螺纹部分应予以保护。

阀门应按批次抽查10%且不少于1件进行尺寸检查。若有不合格，再抽查20%；若仍有不合格，则逐个检查且质量应符合下列规定。

① 阀门的结构长度、通径、法兰、螺纹等应符合规范规定。直通式铸钢阀门的连接法兰密封面应相互平行，在每100mm的法兰密封面直径上，平行度偏差不得超过0.15mm；直角式阀门的连接法兰密封面应相互垂直，在每100mm法兰密封面直径上，垂直度偏差不得超过0.3mm。

② 直通式铸铁阀门连接法兰的密封面应互相平行，在每100mm的法兰密封面直径上，平行度偏差不得超过0.2mm；直角式铸铁阀门连接法兰的密封面上，垂直度偏差不得超过0.4mm。

③ 闸阀的闸板密封面中心必须高于阀体密封面中心，当闸板密封面磨损时，关闭位置下降，但阀体、闸板密封面仍应完全吻合。闸板密封面磨损余量和吻合度应符会表5-5的规定。

表5-5 闸阀闸板密封面磨损余量与吻合度

公称通径/mm	磨损余量/mm	公称通径/mm	吻合度/%
25~50	≥2.3	≤40	≥65
65~150	≥3.3	50~100	≥60
200~300	≥6.4	125~250	≥55
350~400	≥9.7	300~450	≥50
500~600	≥12.7	≥500	≥35

3. 解体检查

石油库中使用的阀门，应每批抽10%且不少于一个进行解体检查。如有不合格时，则应对同批阀门逐个进行解体检查。其质量应符合下列要求：阀座与阀体结合牢固。阀芯与阀座的接合良好，无缺陷。阀杆与阀芯的联接灵活、可靠。阀杆无弯曲、锈蚀，阀杆与填料压盖应配合合适，螺纹无缺陷。阀盖与阀体的接合良好。垫片、填料、螺栓等齐全，无缺陷。

填料更换时应按下列规定进行：填料的接口应斜切45°，上下压紧。装填料时，应采用专门工具或胎具压装，不得用螺丝刀捣压，第一圈填料应压实、压好。压装填料时，每圈填料的接口应相错120°。填料不宜压得过紧，在填料每压1～2圈后，应扭转手轮，使阀杆升降或旋转。上紧填料压紧盖时，用力应均匀，填料压盖和阀杆的间隙应保持周围一致，防止上偏。压盖压入填料箱的深度不得大于5mm，并留有压紧的余地。

二、阀门及安全阀试验

1．一般规定

检查合格的阀门、在试验前应逐一核对阀门的规格、公称压力、工作温度。

阀门试验（包括壳体强度试验、密封性能试验）和安全阀试验宜在专设的试验场地进行。设计无特殊要求时，一般在常温下进行。当环境温度低于5℃时，应采取防冻措施。阀门、安全阀试验前，应将阀体内的杂物清理干净；密封面上的油渍、污物应擦净。试验时密封面上严禁使用有防渗漏作用的涂层。

阀门试验介质应采用空气、惰性气体、煤油、水或粘度不大于水的非腐蚀性液体，试验介质的温度应不超过52℃。当用液体作试验时，应排除阀门腔体内的气体。用气体做试验时，应采取安全防护措施。

阀门的试验应使用洁净的水进行，试验用的水可以含有水溶性油或防锈剂。奥氏体不锈钢阀门试验时，水中的氯离子含量不得超过25mg/L。试验用压力表，必须经校验合格，且在有效期内，量程为被测压力的1.5～2倍。阀门试验（含安全阀密封试验）用压力表精度不得低于1.5级，安全阀试验用压力表精度不应低于1.0级，试验系统采用的压力表不应少于两块，在储压罐及被测阀门入口处各装一块。

易燃、易爆、可燃介质管道用阀门，每批应抽取20%且至少一个进行壳体强度试验和密封性试验。如有不合格，应加倍抽取试验；如仍有不合格，则逐个进行试验。

其它管道用低压阀门应每批抽10%且至少一个进行强度试验和密封性试验。若有不合格，再抽查20%；如仍有不合格，则应逐个进行试验。

阀门试验时，压力应逐渐提高至规定数值，不得使压力急剧地、突然地增加。在规定的持续时间内，其压力应保持不变。如对试验过程有怀疑时，必须延长试验时间。

试验合格后，阀体内的试验介质应全部排净，并注意密封面的保护。经过试验合格的阀门，应在阀门明显部位作出标志，并填写试验记录。

2．壳体强度试验

阀门的壳体强度试验（不含安全阀）应按下列规定进行：

阀门的试验压力应为38℃时的公称压力的1.5倍。壳体强度试验时，不得承受冲击载荷。阀门做壳体强度试验时，试验持续时间应不少于表5-6的规定。

带有蒸汽夹套的阀门，夹套部分应以1.5倍的工作压力进行壳体试验。公称压力小于1MPa且公称通径大于或等于600mm的闸阀及对焊阀门，可不单独进行壳体试验，壳体试验可在管道系统试验时进行。

表 5-6　阀门壳体强度试验试验持续时间

公称通径/mm	最短试验持续时间/s		蝶阀最短强度试验持续时间/s	
	止回阀	其它阀	公称通径/mm	持续时间/s
≤50	60	15	≤50	15
65～150	60	60	65～200	60
200～300	60	120	>250	180
≥350	120	300		

壳体试验时，在向已装好的阀门腔体加压时，阀门两端应封闭，启闭件部分开启。填料压盖应压紧到足以保持试验压力，以使填料箱部位也受到试验，试验时填料箱处应无泄漏或符合制造厂规定的技术要求。

进行壳体强度试验时，不得有渗漏。用液体进行壳体强度试验时，在试验的持续时间内及保压结束时壳体表面、阀体与阀盖连接处无点滴、潮湿现象或结构损坏；用气体进行壳体强度试验时，按规定的检漏方法检漏、应无气泡泄出和结构损伤。

3. 密封试验

阀门密封试验压力应符合下列规定：

蝶阀的试验压力为 1.1 倍的公称压力，止回阀的试验压力为 38℃时的公称压力，底阀、节流阀不做密封试验，其它阀门密封试验应以公称压力进行。在能够确定工作压力时，也可用 1.1 倍的最大工作压力进行试验。

具有上密封的阀门还应做上密封性能试验，上密封试验时，松开填料压盖，阀门须完全开启，使上密封关闭，两端封闭，向装配好的阀门腔体内充满试验介质并逐渐加压到试验压力进行检查，密封试验应在阀门壳体试验后进行。

进行密封性（含上密封试验）试验时，蝶阀、止回阀和其它阀门持续时间应符合表 5-7规定。

蝶阀、止回阀密封性试验时，压力应从工作介质出口的一端引入，从另一端进行检查。截止阀、隔膜阀密封性试验时，应将阀瓣关闭，介质按阀体箭头指示的方向供给，检查其密封性。公称压力小于 1MPa 且公称通径大于或等于 600mm 的闸阀，密封性试验可用色印等方法对闸板密封面进行检查。

表 5-7　阀门密封性试验持续时间

公称通径/mm	密封性试验持续时间/s			蝶阀密封性试验持续时间	
	上密封试验	密 封 试 验			
		止回阀	其它阀门	公称通径/mm	持续时间/s
≤50	15	60	15	≤50	15
65～150	60	60	60	65～200	30
200～300	60	60	120	≥250	60
≥350	120	120	120		

闸阀、球阀、旋塞阀密封性试验应双向进行。介质先从通路一端引入、在另一端进行检查；然后再从另一端引入介质进行另一方向的密封性试验；或在体腔内保持试验压力的情况下，从通路两端进行检查。

阀门进行密封性试验时，在其试验的持续时间内不得在阀瓣、阀座、静密封及蝶阀的心轴处产生明显的渗漏，阀门结构不得损伤。阀门的允许渗漏量应符合表5－8的规定。

表 5－8　阀门密封面允许渗漏量

公称通径/mm	闸阀截止阀	旋塞阀
≤50	0	0
65～150	12	12
200～300	20	20
≥350	28	26

注：如果试验介质是液体，其单位是滴/min（大约 $1cm^3$ 为 16 滴）；如果试验介质是气体，则单位是气泡数/min。

4．安全阀试验

安全阀的动作性能试验包括下列项目：整定压力（开启压力）；排放压力或超过压力；回座压力；阀门动作的重复性；用目测或听觉检查阀门的机械特性，如良好的回座能力，有无频跳、颤振、卡阻或有害的振动。

安全阀在进行动作性能调试时，其整定压力允许偏差应符合表 5－9 的规定。当设计无规定时，其整定压力为工作压力的 1.05～1.15 倍，回座压力应大于工作压力的 0.9 倍。

表 5－9　安全阀整定压力允许偏差　　单位：MPa

<table>
<tr><th colspan="2">压力容器和管道用</th><th colspan="2">蒸汽锅炉用</th></tr>
<tr><th>整定压力</th><th>允许偏差</th><th>整定压力</th><th>允许偏差</th></tr>
<tr><td rowspan="2"><0.5</td><td rowspan="2">±0.014</td><td><0.5</td><td>±0.014</td></tr>
<tr><td>0.5～2.3</td><td>±0.03 倍整定压力</td></tr>
<tr><td rowspan="2">≥0.5</td><td rowspan="2">±0.03 倍整定压力</td><td>≥2.3～7.0</td><td>±0.07</td></tr>
<tr><td>≥7.0</td><td>±0.01 倍整定压力</td></tr>
</table>

安全阀应按设计规定进行密封性试验。在设计无规定且整定压力小于 0.3MPa 时，密封试验压力应比整定压力低 0.03MPa；当压力大于或等于 0.3MPa 时，密封试验压力应为 0.9 倍的整定压力。蒸汽用安全阀的密封试验压力应为 0.9 倍整定压力或回座压力最小值(取两者中较小值)。

用于蒸汽的安全阀进行密封性试验时；用目测或听声音的方法检查出口，无泄漏现象则为合格。用于空气或其它气体的安全阀进行密封性试验时，检查以每分钟泄漏气泡数表示的泄漏率，其值应小于或等于表 5－10 的规定。用于水或其它液体的安全阀进行密封性试验时，在规定的试验持续时间 2min 内，密封面处不应有流淌的水珠。安全阀启闭试验不应少于 3 次。

表 5-10 安全阀密封试验最大允许泄漏量

安全阀类型	公称通径/mm	最大允许泄漏量/（气泡数/min）	
		公称压力＜10MPa	公称压力≥10MPa
一般安全阀	＜20	40	60
	≥20	20	30
背压平衡安全阀	＜20	50	75
	≥20	30	45

三、阀门管理

1．阀门保管

阀门入库时，库房保管人员应根据供货合同，参照铭牌上的主要内容进行登记。试验合格的阀门应有试验记录和标记，库房应建立阀门台帐和发放登记。

入库的阀门，应根据规格、型号、材质分类摆放，不得混放。对摆放有特殊要求的阀门，应按要求采取措施。对于退库的阀门，应重新登记，并根据领用时间的长短和现场的保管情况，确定是否重新进行复验。

阀门的存放，应有有效的防护，防止锈蚀和损伤。外露的阀杆应涂油脂进行保护，阀门的内腔、法兰密封面和螺栓部位应涂防锈剂进行保护。阀门的启闭件和阀座密封面应涂工业用防锈油脂，但对塑料、橡胶密封面严禁涂防锈剂。

阀门在保管运输过程中，严禁将索具直接拴绑在手轮上或将阀门倒置。入库存放时间较长的阀门，应对脱落的色标进行补刷。

2．阀门资料管理

阀门应有出厂合格证。对于高压阀门、合金钢阀门及特殊阀门还应有产品说明书，以及合同、规定的试验合格证明。经试验合格的阀门，除做好标记外，还应有试验记录。安全阀的定压及合同提出的附加试验，也应有试验报告，并有责任人员签字确认。

检查阀门时，如发现实物与铭牌、标志及色标不符，应经有关部门研究确定，并将处理意见以书面形式予以保存。对于试验不合格的阀门，应做好标志记录，以作退货或其它处理的凭证。试验合格的阀门，在领用时应将有关资料交施工技术负责人保存，工程竣工后，编入交工资料。

第六章　石油库生产安全管理

石油库生产离不开安全，否则效益、规模、稳定和发展一切无从谈起。石油库安全管理的重要性主要表现在两个方面：

① 石油库储有易燃易爆的成品油，小的几百吨，大的数十万吨。一旦发生火灾或爆炸，往往产生难以估计的损失；

② 油品输转频繁，在油罐区及其作业区附近经常有大量油气漂浮，形成危险的着火源和爆炸源，极易引起爆炸。

为了保证石油库安全生产，必须从设计到管理多个方面系统地加以考虑，制定出一系列安全管理措施，预防火灾、爆炸等事故的发生，并制定出在紧急情况下的抢救措施。其目的是尽可能地不发生火灾、爆炸、跑（冒漏）油等事故；一旦发生事故，要努力做到减少人员伤亡，减少财产损失和生产中断时间。

目前，我国石油库安全技术和安全管理，绝大多数处于人力手动阶段。近年来，随着科学技术的进步，已有部分石油库实现了全面或部分自动控制和管理。

第一节　石油库投产的安全管理

石油库是用来接收、储存、中转和发放大量油品的生产管理单位，存在着易燃易爆的危险。石油库在选址、设计、操作时，都应将安全放在首要位置。除考虑技术因素外，投产前的准备、操作岗位人员的配备和训练，对防火防爆和安全运行同样重要。

一、投产准备

石油库在筹建阶段，就应选定主管人员，负责石油库的建设、投产和管理工作，对石油库的生产和安全运行进行协调和全面考虑，包括设备安全和人身安全。

1．人员选择

在石油库正式投产以前，为石油库各生产岗位选定操作工人和班组长，落实工作岗位。石油库管理人员在石油库建设阶段应尽早参与建设管理，使其在了解石油库选址、设计、建设的同时，熟悉了解全过程，特别是地下隐蔽工程，对石油库生产管理和安全管理有重要意义。

2．设备检查与施工质量监督

随着工程建设的进展，各种有关设备和石油库建设材料将陆续运到现场，建设单位应对到达的机泵等设备及其附件，逐项按标准检查验收，石油库管理部门应尽力派员进行了解和监督，特别是有关设备安装的基础工程建设，更应会同基建部门一起参与验收，以保证工程质量。

3．制定工程验收项目清单

石油库投产之前，应对所有建设项目详细列出验收清单，按设计要求和建设标准逐项进行验收。其内容应包括：

① 工艺系统：油罐、工艺管线、机泵；

② 动力系统：变电所、配电间、电气设备的安装；

③ 供水及排水系统：水源、水质、水罐、水管线、污水排放及处理；

④ 消防系统：消防用水量、消防补充水、泡沫液量、消防泵及其配套的消防设施；

⑤ 保安系统：包括所有设备的防静电、防雷电设施、电气设备接地保护系统及油气监测报警系统以及防止油流蔓延的防火堤等。

4．制定安全管理规定

安全管理规定是石油库投产前必不可少的重要工作，它对石油库安全投产和保证安全运行具有十分重要的意义。它包括：组织领导，岗位安全责任，用火管理，安全措施计划，工艺流程操作原则，油罐、机泵、加热系统、装卸油安全操作规定，以及电（气）焊等辅助岗位的安全要求，都要作出详细规定。

5．人员培训

石油库发生火灾、爆炸及跑漏油事故，大多数都是由于误操作或违反安全规程造成的。所以如何使操作人员、维修人员及管理人员正确操作、正确调度是一个十分重要的问题，应当通过严格培训来打好基础。

二、投产前的验收和安全检查

石油库的各种设备和设施，都应在竣工后，按照设计要求和相应的技术规范及工程验收标准，逐项进行验收，合格后方可投入生产使用。投产以前，除了作好验收工作，保证设备符合质量要求安全可靠外，尚应对石油库的各种安全设施，进行一次全面的检查或试验。

检查应拟定一个检查细目清单逐项进行，因为无论怎样熟练的人员，都难免有一时的疏忽而漏查设备和某些重要设备，或忽略了他认为不太重要的某些部分。检查细目清单应保证检查的全面性和彻底性，做到安全可靠。

检查细目清单应包括以下一些主要项目：

① 储油区；

② 装卸油作业区；

③ 辅助作业区（化验室、锅炉房等）；

④ 消防系统；

⑤ 电气系统；

⑥ 防雷电、防静电系统；

⑦ 总体部分以及与安全有关的其它项目。

1．油罐区

油罐区是石油库的核心部位，只要油罐不发生火灾、爆炸和跑冒漏油等重大事故，石油库的安全就有了基本保证。

油罐区的检查项目可考虑以下内容：

① 油罐施工质量是否按标准进行了严格检查和验收。

② 扶梯、平台等操作人员通行的地方是否装设栏杆或其它保护装置。

③ 呼吸阀、阻火器是否按设计要求安装施工。

④ 浮顶与罐壁的密封是否良好。

⑤ 灭火设施（泡沫灭火系统冷却喷淋系统）是否按设计进行安装；防雷电、防静电设施是否齐全，质量是否达到了设计要求。

⑥ 罐顶各种孔、口是否严密；计量孔是否有防金属碰撞产生火花的设施。

⑦ 油罐区防火堤和隔堤能否耐火、抗震，能否抗冲击载荷。

⑧ 防火堤内是否有水封井类合适的排水设施。

在上述有关安全的项目中，防火堤是油罐发生火灾、爆炸和油罐破裂时，防止大量油品流出蔓延的一个极其重要的措施，应该检查它是否有足够的容量、高度和耐火以及顺利阻油排水的功能。

防火堤应采用非燃烧材料建造。防火堤的实高比计算高度高出 0.2m；防火堤的高度范围在 1～2.2m 之间，卧式油罐的防火堤实高不低于 0.5m。防火堤堤顶宽度一般为 0.3～0.5m。罐组间隔堤高度比防火堤顶面高度低 0.2～0.3m。

2．装卸油作业区

装卸油作业区经常有大量油气外逸，是石油库发生火灾的一个危险区域，应充分注意周围是否有引起火灾的火源存在；与各种建构筑物间的安全距离是否符合标准；灭火设备是否处于良好状态；防静电连接及接地是否符合规范要求等。

3．辅助作业区

该区的检查项目主要是为了保证石油库正常生产的一些设施（如机修、化验设施），它的安全应符合国家有关规定和规范，并予以检查落实。

4．消防系统

这是保证石油库一旦发生火灾能及时控制和扑救的主要手段，因此，要求启动迅速，灵活可靠。

石油库投产前，除检查整个系统是否达到设计要求外，尚应检查冷却水泵、泡沫泵启动是否灵活，水源、泡沫剂是否充足。

5．电力系统

电力系统的安装必须符合电气安全规程，防止发生防爆电器非防爆安装或与危险区域划分安装要求不相匹配的现象。

电力系统必须满足事故条件下消防系统工作时的负荷需求，同时还应满足油品紧急输送时的用电负荷需要。

6．防静电防雷电系统

静电和雷击是石油库常遇到的自然灾害，作好防静电防雷电保护，对石油库来说是一项重要工作。一般石油库设计时均在这方面作了相应的考虑。为了安全，投产前还应检查落实。检查油罐、装卸油设施、库区的防（消）雷、防静电连接的接地线是否有漏装或断开情况，接地电阻是否符合规范要求等。

三、投产安全要求

石油库投产可能遇到的最大危险是油罐火灾及油泵、管线等出现的大量漏油引起的火灾。因此，防止投产时憋压造成设备、管线破损及油品泄漏发生火灾，是安全工作的重点。为此，投产前要对所有电动机进行试运行，首先要使电动机在不带负荷条件下运转

72h，以便及时发现问题进行调整和修理，防止投产后烧坏电机引起事故。

电动机试运行后，进行带泵试运行，接着再对工艺管线、热力管线和消防管线分别进行吹扫和打水试压，吹扫的目的是吹出管线内可能堵塞管道的杂物。吹扫介质一般用压缩空气，吹扫时阀门要全打开，吹扫出来的杂物要有排放口。对不放空不保温的地面输油管线，应在适当位置采取安全阀、止回阀、胀油管等泄压措施，因为在炎热的夏天，不流动的油在管线内可能膨胀造成阀门、法兰漏油和损坏管线。

吹扫试验完毕后，要对管网和油罐打水试运行，在试运行过程中要使机泵带负荷运转一段时间，以检查机泵是否都能处于良好状态，并检查其工作参数是否达到设计要求。管线打水试运行，一方面是继续清扫管线内杂物，另一方面是进行联运试压，进一步检查管线、法兰、阀门是否有泄漏地方，以保证顺利投产。

输水试运行和管线打水试压，要与油罐充水试验结合起来，油罐充水试验主要有5个内容：罐底检漏；罐壁强度及严密性试验；固定顶的强度、稳定性和严密性试验；浮顶升降情况观察；地基基础沉降量观察。浮顶油罐在充水试验前，应检查旋转扶梯和栏杆是否良好。

油罐充水试验高度为设计最高操作液位，充水试验必须始终在人员监视下进行，以便掌握基础沉降动态。充水试验速度应根据土建基础设计要求确定。在充水试验过程中，基础沉降超出允许的范围时，应停止充水，待调整和检查无问题后方可继续进行试验。油罐放水管管口要远离基础，不得使基础浸水。充水试验中，若发现罐底漏水，应立即放水进行修补。

油罐正压和负压试验，一般是先装入一定量水（严禁使用海水），然后封闭罐上所有孔口，再进行充水增压或放水减压。充水到最高操作液位静置稳压48h，罐壁无渗漏和异常变形，则认为罐壁的强度和严密性试验合格。

固定顶的严密性和强度试验，应在罐内充水高度大于1m时进行，试验压力一般为设计压力的1.1倍，且不得小于200mmH_2O，在罐内空间压力达到试验压力后，在罐顶焊缝表面涂肥皂水，末发现气泡，罐顶无异常变形，焊缝无泄漏为合格。固定顶的稳定性试验，应在水位达到最高操作液位后进行，试验负压取设计荷载，当罐内空间压力达到试验负压时，罐顶无变形为合格。

固定顶油罐正压或负压试验合格后，均应立即使罐内空间恢复正常，并将罐顶透光孔打开，直到罐内温度降到正常为止，以免因气温升降，充水或放水导致固定顶破坏。

浮顶油罐升降过程中，应检查浮顶升降是否平稳，密封和导向部分有无卡涩现象，还应检查浮顶与水接触的部分有无渗漏，浮仓有无渗漏，转动扶梯是否灵活、正常。浮顶一般要升降2～3次。

充水试验结束后，要将管线和油罐内水全部放掉。在油罐进油以前，必须对消防系统进行检查。消防系统试验时，先开冷却水系统模拟冷却油罐，再试验一次泡沫，以检查冷却供应系统和消防泡沫供应系统是否已经达到设计要求。

对以上所作的试验，都应作详细记录。

第二节　石油库生产的安全管理

石油库生产运行的安全管理，主要是制定严格的管理制度和措施，防止发生火灾，消除导致火灾的潜在危险。为此，需要在管理、操作、检查、维修等各方面杜绝不安全因素，预防石油库火灾以及工艺设备、管线、油罐“跑、冒、滴、漏”和操作错误、维修不当引起的火灾和其它事故。

一、安全管理机构

管生产必须管安全，安全促进生产。要实现安全生产，必须建立健全安全管理体系。

1．安全管理机构

从石油公司行政职能管理到石油库直至班组，都必须建立安全生产管理委员会（小组），班组设（义务）安全员。

2．安全管理人员的配备

安全管理人员的素质要求：政治思想素质好，坚持原则，热爱劳动保护事业；掌握安全技术专业知识和劳动保护业务知识；懂得石油库的生产工艺流程；了解石油库生产的危险因素和危险源；熟悉现有的防护措施；具有一定的文化水平，有较强的组织能力与协调能力。根据石油库等级的不同，石油库可设专职安全员或义务安全员。

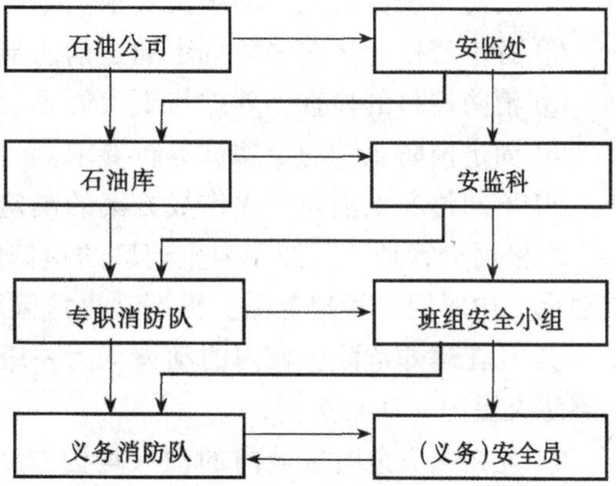

图 6－1　石油公司安全管理机构示意图

安全员应协助班组长认真贯彻执行劳动保护与安全生产的方针、政策和规章制度；教育和检查岗位工人正确操作各种设备，正确使用劳动防护用品，消除一切不安全因素；检查作业环境和劳动条件，作业场所要整齐清洁，材料、废物等放置合理；对工人的操作行为要检查和指导，督促工人严格遵守各项规章制度；对可能造成危及职工安全与健康的紧急情况，应停止危险作业；发生事故，应立即做好现场保护工作，迅速向领导汇报，参加调查，分析原因，提出整改意见；协助班组长抓好本班安全活动。

3．安全教育

石油库安全教育有经常性安全教育、特殊工种作业人员安全教育等。

二、安全管理制度

以安全生产为中心的各项规章制度是石油系统多年来的实践总结，是为了预防事故而制定的，也为分析事故提供了依据，是石油库实现安全生产、文明生产，提高经济效益的重要保证。

1．安全生产责任制

有石油库主任安全生产责任制、班组长安全生产责任制、职工安全生产责任制等。也有部门安全生产责任制。如石油库班组长的安全责任制一般有以下内容：

① 认真执行劳动保护方针政策、规章制度以及上级的指示、决策等。对所辖生产范围工人的安全和健康负责。

② 经常教育和检查本班组工人正确操作使用机器、设备、工具、安全装置、防护用

品及材料等，注意机器设备等是否处于良好状态，并消除一切可能引起伤亡的因素。

③ 督促检查工作地点的安全卫生，并保持材料、工具及废料的合理摆放。

④ 对本班组的工人进行安全操作方法指导，并检查其对安全技术操作规程的执行情况，制止违章作业。

⑤ 有权拒绝执行上级不符合安全生产的指令和意见。

⑥ 若遇险情，应立即采取应急措施，防止事故蔓延扩大，发生伤亡事故，立即报告。

2．安全生产管理制度

这类制度有：出入库管理制度、明火管理制度、消防管理制度、电气设备管理制度、安全用电管理制度、防静电防雷电管理制度等。如消防管理制度应包含下列内容：

① 消防组织的建立、训练及要求。

② 各生产作业区按消防规定配置消防器材要求。

③ 消防器材的检查、养护与更换要求。

④ 固定消防系统的定期试运行要求。

⑤ 不同情况下消防灭火作战方案的制定。

严格用火管理。石油库内生产区的检修施工动火，油罐、输油管线上或与其连接的部位动火，均属用火管理范围。根据动火危险程度用火一般分为3级：

① 凡在爆炸危险区域内的动火均为一级动火。如在输油管线上、油罐及油罐附件上、油罐防火堤内、油泵房内；

② 凡在火灾危险区域内的动火均为二级动火，如在计量（化验）室、管沟、重油管线、污油池、变电间、或危险性较大的区域动火；

③ 凡在一般用电区域的动火均为三级动火。

根据用火危险程度，应由石油库指定用火负责人，制定用火方案，按规定办理用火申请，经批准后方可动火。对已经批准的动火项目，不得临时随意增加内容，如需临时增加，必须重办用火申请。动火时应按动火级别和实际情况备足消防器材，现场监护人发现有不安全因素时，应停止动火，并要采取措施。

3．操作规程

石油库操作规程与工种有关，种类繁多。与油品储运工有关的操作规程有：散装油品装卸操作规程、桶装油品操作规程、灌桶操作规程、灌油罐车操作规程、散装油品计量操作规程、司泵操作规程、含油污水处理操作规程等。这里举例离心泵操作规程和齿轮泵操作规程。

(1) 离心泵操作规程

① 油泵启动前，应检查油泵的润滑系统，加注润滑油脂，用手扳动泵轴联轴器，灵活滚动。有冷却系统的油泵打开冷却水管阀门。

② 灌泵引油。打开进出口阀门，开启排气阀门，排出空气，直到有油自排气管流出为止，关闭排气阀和进口阀门，启动电机。如用真空系统灌泵引油时，应开启进油阀门，启动真空泵使泵内空气经排气管或真空罐排出，直到真空罐中油面达到规定的高度后停止真空泵，方能启动离心泵。

③ 电机启动后，油泵真空表及压力表，电压表符合额定要求，指针正常摆动，再慢慢开启进口阀门，若发现压力表指针迅速下降“0”位时，说明油泵断油，应关闭进口阀

门，检查原因，排除故障，方能重新启动，待油泵运转正常后，才能离开泵位。

④ 离心泵不得空转，在断油情况下，要立即停止运转。

⑤ 油泵串并联输油作业时，各泵扬程、流量要平衡，操作时先开靠近收货点的主泵，后开助泵，停泵时先停助泵后停主泵。

⑥ 油泵停止运转后，应关闭进出口阀门、冷却水供水阀门。冬季放尽泵内存水。

（2）齿轮泵操作规程

① 齿轮泵泵体内存油放空时，应先灌泵引油。

② 不准用齿轮泵输汽、煤油，防止齿轮磨损。

③ 开泵前应先打开出口阀门，然后启动电机，再慢慢打开进口阀门。

④ 齿轮泵安全阀无特殊情况，不得随意调整，要求排出量小于油泵额定流量时，应小开旁通管。

⑤ 泵在运转过程中，不得超过额定电流，如油品粘度过大，应加温后方可接卸，不准超负荷运行。

⑥ 泵在运转过程中，应注意齿轮箱是否发热，有无杂音，如有异常声音时，应停泵检查。

⑦ 停泵时，应先停电机，然后关闭进出口阀门。

4．安全检查制度

安全检查的内容主要有：各级领导对安全工作的重视程度；对过去查出的隐患是否已经限期整改；各项规章制度是否健全，是否严格执行；各种安全组织是否健全，并起到应有的作用；各种生产设备、消防设备和消防设备的技术状态是否良好，符合安全要求。

石化销售公司在修改原有的《石油库安全评价办法》后，于1999年发布了《石油库安全评价标准》，对石油库的安全检查项目和内容作了详尽的规定和要求。多年来一直坚持一年一次的直属公司安全大检查，对保证本系统的石油库安全生产起到了积极的作用。

安全检查可分为定期性、专业性、季节性、经常性等检查。

（1）定期检查

由石化集团公司或省石油总公司组织每年一次的石油库安全生产大检查，地方石油公司、石油库按一定周期进行的检查。定期检查的检查面广，有深度，能及时发现和解决问题。

（2）专业性检查

由石油公司有关职能处室，组织各类专业技术人员，根据专业特点而进行的专业安全检查（如防火、电气等）。此类检查具有较大的针对性和专业要求，可检查难度较大的项目，发现问题，研究整改对策，及时消除隐患和安排技术改造。

（3）季节性检查

由石油库根据季节变化，按事故发生的规律对易发的潜在危险，突出重点进行季节检查（如冬季防冻保温；夏季防汛、防雷电等）。这种检查可提前发现问题，及时整改，消除隐患，做到防患于未然。

（4）经常性检查

由石油库、班组负责人或安全人员根据生产情况和各项安全生产规章制度的执行情况，进行经常性的检查。检查中，要狠抓易发生和可能发生事故的人、机、环境等主要因素，可以使安全工作从事后管理转变为事前预防。

5．安全检查

石油库的生产设备和安全措施，在使用过程中，会逐渐由于老化、松动、腐蚀和环境影响，使原有功能降低或失去效能，因此需要定期进行安全检查，确保安全生产。

发动群众、依靠群众进行安全检查，是预防事故行之有效的方法，一定要坚持执行。岗位工人要定时查，班组要班班查，值班干部要随时查。检查的重点应放在生产设备和防火安全两个方面。

(1) 生产设备的检查

石油库的生产设备，除机泵和加热设备外，还有油罐和工艺管线。对它们除日常检查和维修外，还要注意一些特定项目的检查，如油罐基础沉降、腐蚀状态、疲劳裂纹（变形）等。这些项目在日常检查中往往被忽略。

在检查中应定期检查油罐基础沉降；油罐的腐蚀情况；罐底有无裂缝；罐壁有无倾斜；罐顶及罐壁有无凹凸现象等。防止由于基础不良和受到水侵而产生不均匀沉降，或其它原因造成罐体破裂出现事故。

油罐附件是保证油罐安全工作的设备，要随时保证完好。要按照《石油库管理制度》要求定期检查，冰冻季节要每周至少检查一次。突然降温等情况，要及时检查处理。

石化销售系统石油库库区工艺管线绝大多数未设阴极保护，管线腐蚀比较严重，一般每隔3年左右要抽查一次。

(2) 防火安全检查

防火安全检查的重点，除用火管理、预防静电和避雷保护外，主要是消防设施的安全可靠，能够快速投入战斗。消防设施是石油库防止火灾蔓延和扑救的主要装备，要经常检查保持完好，并处于常备状态。

消防泵房检查的项目有：

① 岗位操作人员有无缺岗；

② 岗位责任制、交接班制、设备维修保养制、定期巡回检查制是否切实执行；

③ 岗位人员对设备性能、泡沫配比、故障排除、操作程序和操作方法是否熟练；

④ 泡沫泵和冷却泵是否处于正常完好状态；

⑤ 泡沫液灭火剂的储量和质量是否达到设计要求；

⑥ 供电是否可靠，通讯联络是否畅通。

为了保证消防系统正常工作，消防泵要班班盘泵，每周泵的试运行时间不少于1h。

石油库的防静电、防雷电设施是一个保护系统，一处达不到要求，就可能留下隐患。防雷、防静电接地每年春秋都要检查测定，保证接地电阻低于规程规定值。

(3) 油气监测

石油库内飘散的油气是石油库中一个潜在的危险源，它主要来自油罐的大小呼吸及工艺流程中设备的“跑、冒、滴、漏”。

油气滴漏形成的可燃气体是很可观的。油泵房内若通风不良，不断蒸发的油气会带来巨大的危险。若有1L汽油以细流方式漏到一个平坦的混凝土表面，在平面的顺风方向检测油气，在微风情况下，距漏点6m的地方，油气还在爆炸范围。因此，根据油气扩散特点，应在油泵房等易积聚油气的地方，设置可燃气体测爆装置。

三、工艺设施的安全管理

石油库安全管理，除了制定安全生产管理规定，明确组织领导、岗位安全职责、安全检查和安全教育外，工艺调度中的安全重点应放在预防火灾发生上。

管理上应做到分工明确。油罐区、油品装卸区、辅助作业区、行政管理区以及生活区要有明确区分；防止火源与油品蒸气接触，严格执行防火禁区的规定。油罐区和作业区都是防火禁区，应设有警示标志，在防火禁区内不准携带火种，不准吸烟；机动车辆进入库区要严加管理。

石油库内必须保持清洁，特别是可能有油气的地方，不应有油污和其它易燃物，生产过程中所用的可燃物、油棉纱等必须清除干净。

油罐区的防火堤应保持坚实完整无孔洞，如因生产需要把防火堤挖开，应及时修复。石油库道路包括消防道路，不得堆积任何阻碍车辆通行的物料，所挖坑洞或沟道应及时填平。

1．安全操作

为了防止石油库生产运行中在操作上导致事故灾害，应落实安全操作措施。

（1）防止误操作

一切操作人员都要经过培训，并经过考试合格后才能独立操作。在油泵房、阀室、计量间、油罐区等操作场所内，要张贴工艺流程图、检查线路图和主要的工艺操作程序。阀门、管线、油罐要编号，防止操作失误。操作人员要熟悉管线分布，阀门位置和用途。

（2）防止管线憋压

当输油管线充满油品时，在管线两端阀门关闭的情况下，由于大气温度变化或曝晒，或启用了伴热管线，输油管内的压力将随着油品膨胀而上升，从而造成管线憋压漏油（特别是法兰连接处）或阀门打不开，甚至引起管线破裂。近年建造的石油库，管线泄压多采用安全阀或止回阀，可以自动防止管线憋压，但应注意定期检查和校核阀门的开启工作压力。

（3）防止油罐失稳

呼吸阀被凝结、阻火器被堵塞或输转油速度过大而超过油罐的设计承压能力时，都可能引起油罐胀裂或吸瘪事故。为了防止这种事故的发生，呼吸阀和阻火器要定期检查和清洗，特别是在冬季更要加强检查。油品输转速度要保持在油罐正常设计范围能力，不得任意加大进油速度。

为了防止油品冒顶，向油罐进油时，应注意掌握罐内油品液位，按规定时间测温量油，当进油接近罐顶时，要缩短检查时间和严密监视。近年来，由光导电子液位仪在石油库的大量应用，对防止油罐冒顶可以直到起到很好的监控作用。

（4）防止发生浮顶沉顶

浮顶油罐在使用过程中，要经常检查导向管有无卡阻、密封设施是否完好、呼吸阀有无堵塞等。

（5）防止发生静电和雷电事故

油品在管道内输送时，由于摩擦产生的静电电流，油流会把电荷带至油罐内，形成一定的电位。因此，进油流速、静置时间和装（量）油方式，都应按《石油库管理制度》及有关规定执行。如铁路罐车、汽车罐车的静置时间不得小于2min，$50m^3$ 及以下油罐静置时间不得小于3min，$50 \sim 5000m^3$ 及 $5000m^3$ 以下油轮静置时间不得小于10min；$5000m^3$

以上的油罐不得少于30min。油罐进油初速不得大于1 m/s，油罐车严禁喷溅式装车。

第三节 石油库设备管理

一、石油库设备管理的意义、内容与任务

1. 设备管理的意义

同任何企业一样，石油库的设备是石油库组织生产经营的物质技术基础，是重要的手段和工具。设备管理是企业管理的一个重要组成部分。加强设备管理有利于安全生产与经营，提高经济效益。由于设备方面的原因造成石油库跑油、漏油、混油及爆炸着火、人身伤亡的事故屡屡发生。及时维护、维修、补充、更换石油库的关键设备，便可以杜绝或减少这些事故的发生。

2. 设备管理的内容

设备管理的内容很多。概括起来有设备的投资决策、选型采购、数量备置、安装调试、初期信息、资产管理、状态控制、保持和恢复的方法（设备使用与维护维修制度、状态监测分析、修理计划与组织、润滑管理、备件控制与准备等）。

石油库的主要设备，有油罐、输油管道、消防管道、各种油泵、水泵、阀门、鹤管、专用车辆、起重运输机械、灌装设备、计量化验仪器仪表、变配电设备、连接件、紧固件、消防设备等。

3. 设备管理的任务

① 按照有关规范规定的要求，本着技术先进、安全可靠、经济合理的原则正确选购各种所需设备。

② 在保证石油库的正常生产的前提下，使设备始终处于良好的技术状态，建立精心维护和正确使用的制度。

③ 加强检查、判断，及时维修。

④ 做好备件备品的准备及管理工作。

⑤ 做好设备的更新、改造和挖潜工作，降低能耗，提高运行效率。

二、设备的选择、购置和日常管理

1. 设备选择

石油库的设备选择，要从先进性、安全性、经济性、可靠耐用性等方面综合考虑。选择时，一般要注意以下因素：

① 适用性。要求设备的性能与工作要求相适应。既要避免效率低，性能差，又要防止“大材小用”所谓“大马拉小车”。还得防止错用、乱用。

② 可靠性。这是设备的机械性能和工作性能，在使用期内各种性能良好。可靠性越好，发生故障的可能性越少。

③ 安全性。是设备在使用场合和使用中的安全保障性能，要求设备能平稳地运行，不对环境产生危害。

④ 节能性。指设备运行中的能耗，石油库一般以单位时间，或输送单位质量的油品

所消耗的能量指标来确定，要选用节能型设备。

⑤ 耐用性。耐用性包括耐磨性、耐腐蚀性、耐老化性等综合性能。耐用性好则有效使用期长，自然寿命也长。但也要防止功能过剩而造成一次性投资较大。

⑥ 维修性。指设备维修的难易程度。要求设备容易拆卸、易于检修更换零件。维修性好，不但可以方便维护检修，还能降低维修时间和费用。

⑦ 成套性。设备配备成套，主件、附件性能适应，设备之间容易配套，可以充分发挥设备的性能。设备配套包括单机配套、机组配套和项目配套。

⑧ 互换性。标准件、通用件多，可减少备件准备，检修也方便。

⑨ 灵活性。设备能适应不同环境与条件的工作，使用方便，操作灵活。在满足工作的条件下，向结构小型化、操作简易化发展。

⑩ 环保性。设备在噪声和“三废”排放上很低，可以控制。

⑪ 经济性。经济性是指价格便宜，价格便宜是对应于相应的工作性能与耐用程度而言。

⑫ 易于准备性。设备容易从市场获得、货源充足。避免采用生产特殊，数量不大的产品，尽量不采用进口设备。过时的、淘汰的产品不采用。

2．设备购置

(1) 设备购置的类型

设备经济选型在确定了具体规格、性能后，便可进行购置准备工作。购置前要了解市场情况、生产厂家、相同或相似产品、工作的实际性能、使用年限、用户反映、经济分析对比，筛选确定后，便可开始订货和购进。购置有以下几种类型：

① 产品开发型购置。用于新产品的开发或改革老产品。具有生产性质的石油库如油桶生产（金属桶、塑料桶）、润滑油精制、废油再生等。购置必要的设备，有利于促进企业的技术进步，降低生产成本，扩大生产规模，增加企业的利润。

② 扩展型购置。目的主要是扩大生产或经营规模。如扩大储存量，加快接卸与发放能力等。

③ 更新型购置。主要是为了设备的更新换代，保持或提高原来的工作性能，降低能源和原材料消耗等。

④ 综合型购置。用于完善企业的生产与经营手段，增加某些方面的设备。例如：科研设备、福利设施设备、安全技术设备、环境保护方面的设备的购置。

3．设备的日常管理

设备的日常管理，指购进、验收、入库、移交或调拨转让、革新改造、修理、事故报废等方面的工作。

(1) 设备编号、建帐、立卡

办完购进设备的验收手续后，便交由物资保管部门入库，入库时要分类、分品种、分规格编号、分别归类保管。并建立固定资产或低值易耗品台帐、设立保管卡。帐、卡内容包括设备或材料的品名、编号、规格型号、使用日期、原始价值、使用年限、使用部门、累计折旧等。任何时候帐卡必须相符。

(2) 设备的封存

如因生产任务不足或生产内容变更，闲置一个月以上者，使用单位要提出封存计划，交生产计划部门和设备管理部门审核，经领导批准后即可封存。封存时，要做好清扫、润滑、防尘、防腐、防潮、防霉、防蛀等工作，并进行定期维护保养。

(3) 设备的革新改造

为了某种目的，如提高生产率，改善劳动条件，经过技术经济分析后，报领导批准，可对设备进行革新改造。改造后，将改造方案、图纸和审批文件同时存档保管，以备查用。

(4) 设备的报废

设备超过有效使用期，经济上已失去修复改造价值，或因故障损坏无法修复时，经有关部门和领导批准，可以报废。报废设备必须具有权威性的技术鉴定。

设备在运行中由于某些原因发生故障或事故，在作好事故分析并登记，对责任事故者按情节轻重作适当处分，还要用事故或故障来教育职工。

对符合下列情况之一的设备，应予报废：

① 经预测，继续大修理后技术性能仍不能满足工艺要求和保证产品质量的；

② 设备老化、技术性能落后、耗能高、效率低、经济效益差；

③ 经大修理，虽能恢复原有技术性能，但不如更新经济的；

④ 严重污染环境，危害人身安全与健康，进行技术改造又不经济的；

⑤ 其它应当淘汰的。

凡符合报废条件的设备要求报废，须由使用部门提出申请，经设备管理部门组织技术鉴定后，按照固定资产管理审批权限，报请上一级领导部门批准后，方可生效。报废后的设备不得继续使用，亦不得转售其它单位继续使用。

(5) 设备技术档案管理

技术档案包括出厂质量检验单、附件清单、装配图、安装图、拆洗检验记录、调校记录、试压及试运转记录、移交凭证、历次修理记录、事故记录、使用和运行记录等。详细内容见本节"设备档案技术资料"。

设备的技术档案由设备部门管理，也可交由专门的档案部门管理。

4. 设备的维护与保养

设备的维护与保养不同于修理，是指运行期间或保存期间，对设备进行预防性维护和保养工作，使其经常处于良好的技术状态，以保证其正常的使用性能，延长设备的使用寿命。维护保养的基本内容为清洁、润滑、调整、防腐。一般分为4级如表6-1所示。

表6-1　各级保养内容分工

保养级别	保养内容	保养人员
日常保养	清洁、润滑、紧固、检查零部件是否完整。主要在设备外部，每天都应进行	操作人员
一级保养	比日常保养作业多一些，深一些，除例行保养外，还要进行部分零部件的拆洗、调整，定时进行	操作人员
二级保养	设备内部清洁、润滑、局部解体检查和调整，定时进行	专业维修人员
三级保养	主体部分进行解体检查和调整，对磨损件进行修复或更换，对主要部件进行测量鉴定，为编制修理计划提供依据，定期进行	专业维修人员

三、设备的检查

设备检查是对设备的运行状态、工作精度、磨损、开裂和腐蚀程度进行检查和校验。通过检查来发现隐患，对检查出来的问题提出维护保养措施，并为修理做好准备工作。检查的分类为：

① 日常检查。每天交接班时的例行检查也是日常检查，由操作人员进行，针对查出问题进行维护保养。

② 定期检查。按计划定期由专业人员进行，校测零部件磨损情况和配合间隙，根据设备完好程度，确定是否修理和更换，并制订防止事故的措施。

③ 修理前的检查。为了使修理有针对性，在修理前进行检查。也有在每年年终时，对主要设备普遍进行一次检查，目的在于编制下年度设备修理计划，做好修前的准备工作。

此外，从技术上划分，设备检查又分性能检验、精度检查和技术监测3种形式。

四、设备维修计划的编制

设备维修计划是石油库组织和管理设备维修工作的指导性文件，是石油库设备维修组织与管理的依据，也是石油库作业、技术、财务计划的重要组成部分。石油库设备维修计划的编制，是建立在设备运行理论和工作实践的基础之上，它反映了生产与设备相关联的运动规律。而计划项目编制的准确与否，主要取决于是否科学地掌握了设备的真实技术状态及其变化规律。设备维修计划是由石油库设备管理部门负责编制，其主要任务是确定计划期内维修设备的数量、类别、劳动量、日期、停机时间，以及修理所需要的材料、费用等。正确编制设备维修计划，可以合理安排修理日期和人员分配等，做好修前准备工作，协调解决生产与维修之间的矛盾。设备维修计划应纳入石油库生产计划，并定期考核。

1．设备维修制度

(1) 计划预防制度

根据设备磨损、老化、腐蚀的理论和规律，对设备进行有计划的维护、检查和修理，使设备经常处于完好状态的一种技术措施。计划预防修理分小修、中修和大修3种，中国石化集团公司企业标准《石油库设备检修规程》(Q/SH 039—014—88)，对石油库主要设备的检查和修理作了具体规定。油罐输油管道和输油泵的检修周期和内容如表6－2所示。

表6－2　石油库主要设备检修规定

设备名称	大修		小修		检查维修	
	周期/年	内容	周期/年	内容	周期/年	内容
油罐	6~8	补焊开裂孔洞，垫补沥青砂，换钢板及附件调整	2~3	附件部件更换，修理渗漏处，处理护坡，修理刷油	1	附件清洁，接地处理，换法兰垫
输油管道	6~8	系统打压，换管段及补偿器，防腐绝缘	3~4	调整坡度，调整管道支架，保温修复	1	紧固螺栓，换填料及垫片，检修跨接及接地
油泵	6	解体修理，更换部件，调整不直度和间隙	1.5	易损件拆换，换垫片，填料调平	200h	清洁，擦试，刷油，紧固联接件

（2）保养修理制度

也叫计划保修制，由一定类别的保养和一定类别的修理组成。是我国60年代在总结计划预修制的经验和教训的基础上建立起来的一种专群结合、以防为主、防修结合的设备维修制度。

（3）预防维修制度

维修方式包括：日常维修、事后维修、生产维修、改造维修、预防维修。在选择维修方式时，要依据对设备故障、类型、技术劣化损失和维修费用等多方面的综合分析来确定。

2．维修计划编制依据

计划编制总的依据是根据设备说明书和生产实践，并受到维修经费限额的制约，具体有以下几方面：

（1）设备的技术状态

由设备使用部门根据日常检查、定期检查、状态监测和故障修理记录等所积累的设备状态信息资料（包括设备精度、检修系数、设备事故损伤情况等），结合年度设备技术状况的普查鉴定结果以及操作人员提供的设备情况，经综合分析后进行编制的。

（2）生产工艺及工作质量对设备的要求

生产工艺及工作质量对设备的要求是编制检修计划的重要依据。当设备的实际技术状况不能满足工艺要求和工作精度时，应安排计划修理。

（3）维修能力的实际情况

要从石油库维修资源（人力、物力、财力）的实际情况出发来制订修理计划，力求达到生产需要和维修资源之间的平衡。

（4）设备的维修周期结构及维修间隔期

对实行定期维修的设备，行业规定的修理周期结构及修理间隔也是编制计划的依据。维修周期结构和维修间隔期与设备的工作制度、负荷大小、维护优劣、零部件的材质、生产特性以及其它主客观因素有关。

（5）修前的生产技术准备情况

如维修备件到货情况，也是制定计划的依据。

（6）维修基金

维修需要经费，编制维修计划必须依据维修基金的多少，合理安排使用。

（7）环保要求

根据国家或有关主管部门规定，凡设备的安全防护装置不符合规定，排放气体、液体、粉尘等有污染环境现象时，应安排计划进行修理或改装。

（8）其它因素

如外部供电不正常，在这期间应尽可能安排设备维修。

3．维修计划的编制程序

石油库的设备维修计划按时间进度安排不同，可分为年度计划、季度计划和月度计划。按修理类别不同，可分为修理计划、定期维护和定期维修计划等。

（1）年度维修计划

年度修理计划是石油库修理工作大纲，它规定了全年各季各月的维修任务，一般只对设备的修理数量、类别、停机时间、修理日期、修理工作量（含经费、所需备件及材料等）作大体的安排，具体内容将在季、月度计划再作详细安排。年度修理计划是石油库执行定期维护和定期检修计划执行的基础。因此，年度维修计划一定要切合实际，预期目标要明确。

年度计划按照收集资料、编制草案、平衡审定和下达执行等程序进行。为了保证维修前技术资料、备件等准备工作有必要的时间，要求年度计划在年前两个月编制完成。

编制计划所需的资料主要有：设备修理复杂系数以及各种修理定额；设备的档案资料；有关设备工艺要求及质量信息；上年度设备修理计划完成情况；下年度石油库维修作业计划大纲。

编制计划时要考虑以下一些问题，统筹兼顾，全面安排年度的设备修理计划草案。

① 应优先安排工作急需的、影响石油库生产的关键设备，并尽量避免石油库正常工作与维修时间上的矛盾；

② 要先安排好历年失修的设备。对跨年、跨月的修理任务应安排在规定的期限内完成；

③ 要合理安排维修劳动量，使全年维修工作能均衡地进行；

④ 对连续性或周期性作业的设备，应根据其特点恰当地安排修理日期，使修理与工作紧密配合。

如果石油库本身技术装备条件限制或维修力量不足时，可选择若干项目委托专业修理厂或制造厂修理。

计划草案编制完成后，各使用部门及有关管理部门根据年度的作业任务、工艺要求、设备状态等情况，对草案提出项目的增减、轻重缓急、修理停机时间等各类修改意见和要求。设备管理部门的计划人员则根据这些意见以及修理部门的生产能力、生产技术准备情况等对草案内容作综合平衡，然后编制出正式修理计划。编制内容如表 6－3 所示。

表 6－3　年度修理计划的编制

编制步骤	编　制　内　容
1	设备技术状况检查与诊断
2	分析编制计划的依据
3	编制维修计划（草案）
4	有关职能部门讨论
5	本年度维修计划及执行情况和下年度维修经费预算
6	编制正式年度维修计划
7	设备主管部门审批和备案

（2）季度修理计划

季度修理计划就是对年度维修计划具体的落实。有时需根据设备在使用中出现的问题和作业任务的调整，而提出变更停机修理时间，对原计划进行适当的调整和补充，使季度内设备修理内容尽量切合实际。

（3）月度修理计划

月度修理计划是具体执行的维修作业计划，它直接关系到修理任务能否保质地按时完成。它是考核修理工作好坏的基本依据。在编制计划时，要根据季度计划项目，结合设备状态的实际，优先安排和采取措施，完成跨月检修项目和上月未完成计划的项目，并尽量做到均衡、合理地利用劳动力，编排出作业进度，搞好劳动组织和派工工作。同时还需要检查修前准备工作落实情况，如技术文件是否齐全，外购件、备件是否具备等。

4．设备维修计划的变更

计划一旦批准，就应严格执行，不允许随意变动。除非出现下列特殊情况才允许变更：

① 设备劣化加剧，即将出现故障或已出现故障，如不安排维修，势必影响生产，可提前增补计划维修。

② 生产任务有变化，因适应生产任务而改变设备维修计划。

③ 根据修前预检发现原定的检修类别不当，需更改修理类别者。

④ 已送修设备的实际修理内容与预计内容出入很大，如问题多的，可酌情延长停机时间或适当增加费用。

⑤ 通过各种措施而修理技术及生产准备工作不能及时完成，在年内无法按年计划进行大修或单项修理而需推迟者。

五、设备故障分析及事故处理

1．设备的老化与故障

（1）设备的老化

设备处于不同工况和环境中，要接触各种介质，长时间运转和工作，会逐渐老化和疲劳，或产生腐蚀、变形、及其它一系列化学、物理变化，使性能下降。经过一定时期的量变，发生质变。这种故障称老化性故障。老化性故障是自然变化过程的表现形式，不随人们的意志而转移。当然，精心管理和正确使用，可以延缓老化过程。

(2) 设备故障

由于使用不当，管理不善及其它某些外因而引起设备突然性破坏，则为事故性故障，事故性故障除去人所不能预料的事故或人为事故外，就其技术性来说主要有以下几种：

① 磨损性故障。相互运转的机械，因摩擦产生损耗，使其间隙变大而松动脱落。使其长度或宽度变小而接触不良，组合件丧失了原有功能而发生故障。磨损有合理和不合理两种，如操作失误、不按要求及时润滑、装配过紧、超负荷运行等，使磨损加重，则为不合理磨损。

② 腐蚀性故障。腐蚀有化学腐蚀、电化学腐蚀和物理腐蚀三类，表现有 8 种形式，即均匀腐蚀、电偶腐蚀、小孔腐蚀、缝隙腐蚀、晶间腐蚀、应力腐蚀、选择性腐蚀和磨损性腐蚀。石油库的设备不论地上地下，腐蚀总是存在的。因腐蚀而引起事故也经常出现。

③ 断裂性故障。断裂分脆性断裂、疲劳断裂、腐蚀断裂和塑性断裂等。

石油库最危险、后果最严重的断裂为脆性断裂。因低温冷脆，油罐出现突发性裂缝、输油管横向、甚至纵向出现突发性裂缝而大量跑油，已多次发生，造成重大损失。

2．设备故障的分析方法

分析设备故障通常采用 3 种分析法：

（1）统计分析法

利用统计方法，分别对各部件进行故障发生率登记，找出统计规律，作为购置备件的根据。也可对故障类别、性质、发生场合进行统计，找出机率，然后采取针对性预防措施。

（2）分步分析法

当设备发生故障后，首先从大的范围着手，进行步步深入，层层剖析，找出不同部件产生故障的原因、频率，然后分别采取相应的预防措施或有效对策，以减少相同事故的重复出现。

（3）典型事故分析法

将事故发生的第一手材料收集起来，进行技术分析、论证、检验和模拟试验等手段，确定原因，采取正确的对策和措施，避免再次发生。

3．设备事故的处理

（1）事故性质

就设备事故的性质来说，一般分责任事故、技术事故和自然灾害事故3种，人为的破坏，属刑事责任事故，这里不讨论。

① 责任事故。主要是当事人责任心不强，不严格执行和遵守规章制度，违背规律办事等引起设备损坏以及损坏所带来的后果，此类事故为责任事故。

② 技术事故。由于设备的材质不均匀，加工或安装过程中存在没有或无法检查出来的隐患，工况条件与设备性能不适应，非人为的误动、仪表失准失灵等原因所引起的事故，则为技术事故。

③ 自然灾害事故。人们难以预料或无法抗拒的自然灾害如地震、飓风、暴风雨雪、洪水、雷击等引起设备的损坏，属自然灾害。

（2）事故等级

事故的后果可能引起爆炸燃烧、人员伤亡、生产与经营中断、跑、冒、漏、混油、油品变质、冻凝、污染环境等损失，综合考虑属安全管理范畴，就设备事故而言，根据损坏和可修复情况，也划分若干等级。中国石化销售公司在《石油库管理制度》中作了具体规定。

（3）事故处理

① 填报事故报告表。

② 组织设备管理和技术人员对事故进行分析、检测。

③ 按“三不放过”原则严肃认真地进行事故处理。即“查不清事故原因不放过，当事人和职工受不到教育不放过，安全措施不落实不放过”。

④ 安排修理或办理固定资产报废手续。

六、设备技术档案资料

设备技术档案资料应全面如实地反映设备技术状况，记载的数据和内容要真实准确，资料要全面，时间上要有连续性，对管理工作要有指导性。

1．石油库设备基础资料

这类资料包括设备管理方面的规章、制度、评比考核办法和奖惩办法等。如：设备管理制度、实施细则、设备完好标准、设备管理考评办法、设备考评标准、设备操作（维护、检修、安全、安装验收、清洗）规程。

2．设备管理综合性技术图纸

① 石油库总平面布置图；

② 石油库工艺流程图；

③ 消防供水系统工艺流程图；

④ 锅炉供热系统工艺流程图；

⑤ 压缩空气管系平面图；

⑥ 爆炸危险区域划分图；

⑦ 消防灭火作战图；

⑧ 消防设施、器材平面布置图；

⑨ 防雷电、防静电设施平面布置图；

⑩ 静密封点示意图；

⑪ 架空电气线路平面图；

⑫ 电力电缆敷设走向图；

⑬ 通讯网络平面图；

⑭ 配电网络电气负荷示意图；

⑮ 变配电所电气设备一次系统图；

⑯ 变配电所电气设备二次系统图。

以上图纸资料，可根据各石油库的具体情况、内容的繁简程度予以分解和归并，但应包含上述基本内容。

3．设备台帐、设备技术档案

石油库设备管理部门负责收集设备基础资料，还应结合本单位的具体情况，按油品的输油、储油工艺分区域（储油区、装卸区、辅助生产区、行政管理区）或按设备类别（见表6-4），分类编号建立设备台帐（卡片）和设备技术档案，并在本单位档案室中存档，其复制（印）件留在设备管理部门做为设备二级档案。

表6-4　石油库主要设备管理分类

序号	设备类别	主要设备			
1	油罐	立式金属油罐		非金属油罐	
		$\geqslant 100m^3$		$\geqslant 1000m^3$	
2	输油设备	离心泵	容积泵	输油管道	
		出口$\geqslant DN80$	出口$\geqslant DN50$	$\geqslant DN80$	
3	装卸油设施	铁路专用线及栈桥，码头及趸船，汽车油罐车发油台			
4	消防设施	固定式、半固定式消防设施，消防车（艇）			
5	动力设备	锅炉	变压器	发电机	配电设备
		$\geqslant 1t/h$	$\geqslant 100kVA$	$\geqslant 50kW$	高低压配电柜
6	其它设备	自备铁路油罐车，油轮和油驳，汽车油罐车			

设备台帐（卡片）的主要内容应包括设备编号、位号、名称、型号、主要规格及技术参数；附机、附件的名称、型号、规格和数量；制造厂、出厂编号及出厂日期；安装地点，使用部门、投产日期及原值等。

设备技术档案内除应包涵设备台帐（卡片）所列主要内容外还应汇集下列有关资料：

① 竣工验收报告和会议记录；

② 主管部门、设计部门的批准文件；

③ 产品合格证和安装、使用、维护说明书；

④ 附机、附件明细表；

⑤ 备品、配件图纸、易损件目录；

⑥ 总装图、原理图、安装图；

⑦ 设备验收记录；

⑧ 安装、试车记录；

⑨ 重大缺陷记录；

⑩ 设备检测记录；

⑪ 设备检修记录；

⑫ 主要配件更换记录；

⑬ 设备运转时间累计记录；

⑭ 设备腐蚀及防腐蚀记录；

⑮ 设备润滑要求及润滑记录；

⑯ 设备事故记录；

⑰ 设备技术改造和革新记录；

⑱ 设备封存、迁移记录；

⑲ 设备报废鉴定记录及批准文件；

⑳ 设备调拨或处理记录。

4．各种统计报表

① 主要设备完好率统计表（半年报）；

② 设备事故分类统计表（一般事故，半年汇总编报一次；重大事故，及时上报且列入年终汇总表）；

③ 用水情况统计表（季报）；

④ 用电情况统计表（季报）；

⑤ 备品、配件购置申请表（半年报）；

⑥ 设备概况汇总报表（年报，如表 6－5 所示）；

⑦ 设备变更情况报表（年报）；

⑧ 年度大修理和执行情况（年报）；

⑨ 设备更新计划和执行情况报表（年报）；

第四节　油罐清洗作业的安全防护

石油库的储油罐，由于检修改装、使用年限较长、淤渣沉积严重等原因，影响油罐的

表 6－5　石油库设备概况汇总报表

填报单位：　　　　　　　　　　　　　　　　　　填报日期：　　年　　月　　日

单位	油罐容量/m^3																	备注
	合计	立式金属油罐						卧式金属油罐					非金属油罐					
		小计	汽油罐	煤油罐	柴油罐	润滑油罐	其中内浮顶罐	小计	汽油罐	煤油罐	柴油罐	润滑油罐	小计	汽油罐	煤油罐	柴油罐	润滑油罐	

填报人：　　　　　　　　　　　　　　　　　　主管部门负责人：

正常使用时，都需要进行清洗油罐。清罐作业是石油库的一项重大作业，清罐周期一般为3～5年，因此，对油罐进行清洗安全作业和安全措施往往不熟悉和缺乏经验，因而在进行清罐作业时极易发生火灾、爆炸、中毒、窒息等事故。清洗油罐应成立油罐工作领导小组，负责油罐的指挥调度和安全组织。根据作业现场的不同情况，制定具体的切实可行的清罐方案和安全措施；成立作业指挥组、数据测试整理组、进罐作业组、消防监护等，做好防中毒、防窒息、防火防爆、防静电等预防工作，做到任务明确，责任到人。

清理油罐一般分以下几个步骤：

① 排出油罐底油。油罐进出油短管以下的油品，通常需要采用手摇泵、容积泵或真空泵抽吸底油。当采用电动泵抽吸底油时，特别要注意电气设备的整体防爆，否则后患无穷。

② 排除油蒸气。通常的排除方法为机械通风驱除、充水驱除和蒸气驱除。

③ 气体检测。在油罐作业期间要用防爆可燃气体测爆仪经常检测，正常作业中每8h不小于两次，以确保油气浓度在规定范围之内。

④ 入罐作业。入罐作业人员要佩带防毒面具，腰系救生绳索，使用铜制或木制工具清除污油及除锈。油罐在清洗过程中，必须使用安全设备。作业人员同油气或油品接触可能中毒，水或蒸汽冲洗油污时可能产生静电，因此应加强安全防护，按照安全规程作业，进行安全监督检查，实施作业票制度。

一、防中毒、防窒息

油品蒸汽和油品都具有一定的毒性，尤其是含铅汽油具有更大的毒性，能引起麻醉和失去知觉，使人窒息等危害，因此在清罐作业中必须采取一定的防毒措施。

对于含铅汽油罐，在任何油气浓度条件下，作业人员进罐作业，必须内着白色衣裤，外着整体防护服，最好用聚乙烯或类似不渗透材料制成，对整个身体进行防护，以避免油污和皮肤接触。不允许使用橡胶手套和长靴，如得不到聚乙烯长靴时，应着白色长袜再穿长靴。

对于一般油品储罐，当油气浓度超过该油品爆炸下限4%并低于40%时，进入罐内的作业人员必须佩戴隔离式防毒面具。当油气浓度超过该油品爆炸下限的1%并低于4%时，允许作业人员在不戴呼吸器具情况下短时间进罐作业，但应佩戴防毒口罩，且每次作业时间不超过15min，同时每工作日最多重复工作四次，时间间隔不少于1h。当气体空间的含氧量不低于18%时，可使用类似过滤式的呼吸器具（如滤毒式防毒面具），进罐作业。当油气浓度低于该油品爆炸下限的1%时，允许在无防护措施情况下8小时作业。对于丙类油品储罐，在进行大量的自然通风后，进罐作业人员除佩戴口罩和着防护工作服外，可不佩戴呼吸器具。在作业期间，如果油气浓度上升超过允许值时，作业人员应迅速地撤离现场，重新进行通风，直到油气浓度降到规定值时，方可继续进行。

1．隔离式呼吸器具的供气方式

① 自吸空气。对于容量在500m^3及以下油罐，当条件允许时，可采用自由空气管路型呼吸器具，空气管路的内径一般不小于20mm，长度不大于10m。

② 手动供气。由人工驱动专用的风机或活塞式压气机，通过呼吸软管向罐内作业人员供气。

③ 电动风机供气。由防爆电动机驱动防爆轴流风机或防爆通风机，经过分气罐向油罐内作业人员供气。

④ 压缩机供气。当距离较远时，可用小型空气压缩机供气，其呼吸软管内径一般不小于6mm，且必须有适当的空气过滤措施。

⑤ 自带压缩空气型。有条件的油库，入罐内作业人员可佩带消防空气呼吸器。

根据清罐作业的不同条件，选择的防毒用具和防护用品，其规格尺寸应保证佩戴合适，性能良好。使用中必须严格遵守产品说明书中的各项要求，呼吸软管内外表面不应被油类等污染。含铅汽油罐清洗，不得使用橡胶质呼吸供气软管，而应使用对有机铅无吸附性的材料制成的软管，如聚乙烯、尼龙等。防毒用具及防护用品在每次使用前后都必须进行认真清洗、消毒和检查，以防呼吸器软管内外表面被污染。作业人员下班后必须在指定地点更衣、洗澡，换下的工作服应妥善保管和清洗。作业期间严禁饮酒。油罐清洗现场严禁与清洗作业无关的人员进入。为保证职工身体健康，作业人员必须身体健康，不存在生理缺陷。作业现场应备有人员抢救用急救箱，尤其是清洗毒性较大的油品储罐，应有专人值守。

二、防火防爆

油罐清洗作业场所不可避免地弥漫着油气，当油气浓度超过该油品爆炸下限的20%时，其35m范围内均为爆炸危险场所，卧式油罐范围可缩小50%。进入该爆炸危险场所的电器设备及其安装，应符合有关安全用电规定。电气设备在检查和试验时，必须在爆炸危险场所范围以外的安全地带进行。

一般规定，当作业场所的油气浓度超过该油品爆炸下限的40%时，禁止入罐作业。如果要进行动火作业，则必须确保油气浓度低于该油品爆炸下限的20%，并应采取安全可靠的防护措施，使其符合有关动火要求。在动火作业前，必须进行动火分析，一般不早于动火前半小时。如果动火分析中断半小时以上，应重做动火分析，试样保留到动火结束后，动火时氧气瓶不得带入油罐内。

雷雨天或5级以上的大风天应停止油罐的通风和清洗作业，在清洗作业时，宜暂停油品的收发，输转等作业，特别是洞库或覆土隐蔽油罐。在清洗轻油罐时，必须使用木质或碰撞时不产生火花的有色金属工具。油罐在清洗作业前，所有需隔断的输油管道均应加盲板。垫水或充水所用的进水管道，不应采用输油管道，以防油品进入罐内。在清洗作业前，特别是清洗轻质油品，应在作业场所的上风向处配置一定数量的消防器材，现场值班人员应充分做好灭火工作，以保证作业的防火安全。丙A类油品的爆炸极限及要求按乙类油品对待，丙B类油品，也应做好防火工作。

一切按规定准备就绪，即使内测定合格，动火前还要试爆。

三、防静电

在清罐作业时，由于水流冲击、喷溅会产生静电，因此在作业时应注意静电危害。作业人员严禁穿化纤服装、使用化纤抹布及绳索，气体检测人员必须穿防静电的服装及鞋子。

引入油罐的空气、水及蒸汽管道的喷嘴等金属部分以及用于排出油品的胶管都应与油罐作电气连接，并作可靠的接地。引入罐内的金属管道，当法兰间电阻大于 0.03Ω 时，应进行金属跨接。通风机械和其它电气设备均应作可靠的接地，风管禁止使用塑料管，并避免与罐底和地面接触。

清洗汽、煤、－35 号柴油罐时，禁止使用压缩空气驱除油气，并尽量不要采用喷嘴喷射蒸气及使用高压水枪冲刷罐壁及从油罐顶部进行喷溅式注水。对丙 B 类油品可不考虑防静电要求。

四、防工伤

在罐内清洗作业时，应防止罐顶构架、罐内附件、工具或其它构件掉落到作业人员身上。在罐内作业，工作人员必须佩戴安全帽。

清除罐底污杂的人员，应穿着适当型式的工作鞋，以防止落物或搬运过程中砸伤脚趾或污染皮肤，还应防止从脚手架、斜梯上摔下或在潮湿、油污地面行走时滑倒碰伤。

当使用供气型隔离式呼吸器具时，其软管末端应置放在新鲜空气的上风处，并应注意供气压力适宜，对空气进行过滤，以防止使用者呼吸不适应或空气中的尘粒伤害其面部。

当采用手动卷扬机吊运污杂时，其麻绳耐拉力应大于负重的 5 倍，且每次作业前均应检查有无破损断股和机械损伤。

第五节　输油管道生产的安全管理

一、熟练的工艺调度

要保证石油库输油管道的生产安全，最基本的是要熟悉石油库的工艺流程，以便组织正确的工艺调度，以最合理的工艺流向组织生产。

熟悉并掌握石油库的工艺流程，可以从以下几个方面入手：

① 目前我国石油库卸油系统主要有两种方式：铁路卸油和水路卸油。水路卸油工艺比较简单，而铁路卸油工艺因涉及灌泵、抽底油等辅助工艺的操作，工艺的调度（操作）相对繁琐一些，因此，石油库调度人员、司泵操作人员必须对卸某种油品走哪条管线、开哪些阀门做到了如指掌，同时要有发生事故时的应急调度方案。

② 石油库的中转工艺通常为同类油品储罐间的倒罐。有的石油库建有专门的中转泵房，也有的石油库建有卸油、中转功能合一的综合泵房。

③ 油品发放工艺它可分为水路发放、公路发放和铁路发放。应制定各种发放形式的典型发放工艺流程。

二、输油管道的安全保护

输油管道的安全保护，主要应考虑以下几个方面：

① 管道外壁防腐地面管道应定期进行外壁保养，有条件的还应加强管道壁厚的检测；

② 管道热应力补偿；

③ 管道超压泄压和防止水击超压设施。

第七章　石油库电气安全

第一节　石油库电气安全的基本内容和概念

一、基本内容

石油库电气安全是一项综合技术。它既有工程技术的要求又有组织管理的要求，彼此相辅相成，关系十分密切。我们仅从安全技术的角度出发，讨论各种电气事故及其预防措施；同时也讨论如何用电气作为手段，创造安全的工作环境和劳动保护条件。电气事故不仅指触电事故、也包括过电压（工频过电压、操作过电压和雷击）、有关电气火灾和油气爆炸等危及人身安全的电路故障。电气安全的技术措施是随着科学技术和生产技术的进步而发展的。当前，石油库的安全通用技术主要是指绝缘防护、屏障防护、安全间距防护、接地接零保护、漏电保护、电气闭锁和自动控制等内容。为了防止偶然触及或过分接近带电体，常采取绝缘防护，屏障防护和安全间距防护；为了防止触及意外带电的电气设备导电外壳，常采取保护接地、保护接零和等电位技术。

二、绝缘防护

电气设备和线路都是由导电部分和绝缘部分组成的。良好的绝缘是保证设备正常运行和线路正常运行的必要条件，也是防止触电事故的重要措施之一。绝缘水平应根据电气设备和线路的电压等级来选择，并能适应周围的环境和运行条件。

绝缘材料的主要问题是老化过程。在高压电气设备中主要是电老化，它是由绝缘材料的局部放电引起的。一般而言，电压越高，对绝缘材料的要求也越高。

在低压电气设备中，一般是热老化。每种绝缘材料都有一个极限的耐热温度，如超过这一极限值，绝缘老化就会加剧，寿命缩短。绝缘材料的耐热等级如表 7－1 所示。

表 7－1　绝缘材料的耐热等级

耐热等级	极限工作温度/℃	常见材料
Y	90	纸及纸制品，聚酰胺纤维
A	105	氯丁、丁腈橡胶，经绝缘漆处理的 Y 级材料
E	120	聚氨脂或环氧树酯基漆，有机填料，塑料
B	130	合成树脂，石棉，云母，玻璃纤维
F	155	玻璃纤维，石棉，云母制品
H	180	绝缘漆处理过的玻璃纤维和石棉
C	>180	聚四氟乙烯，陶瓷，石棉

材料的绝缘性能还受到温度、湿度、电场作用、机械振动、化学腐蚀、冲击以及由于温度变化引起的热冲击、热膨胀应力的影响。

石油库常见的电气设备和线路，绝缘材料常用 E、B、F 三级，H 级以上极少使用。

1．绝缘指标

电气设备和电工材料的绝缘指标是指在不同的电压、温度和湿度等条件下，它们所具有的绝缘电阻值，其值等于加在绝缘体两端的直流电压与流经绝缘体的泄漏电流之比。

石油库中使用的电气设备带电体与设备外壳间的绝缘性能应$\geqslant 1M\Omega$。并应定期检测该数值。

2．屏障防护

在不便于将带电体包以绝缘或者带电体外虽有绝缘但仍不足以确保安全的场合，可用遮栏、栅栏、护罩、护盖和箱匣等将带电体隔离开来。安装在室内或室外地面上的变、配电设备均应作屏障防护，网眼遮栏高度不低于 1.7m，下边离地不超过 0.1m，网眼不大于 40mm×40mm。户内栅栏高度不低于 1.2m，户外栅栏高度不低于 1.5m。由于屏障装置不直接与带电体连接，因此对材料无严格要求；但所用材料应有足够的机械强度和耐火能力，若材料是铁质的，则应接地或接零。

屏障防护设备应挂上警示牌。

3．间距

石油库内的电气设备属于低压电器，其配电室内配电屏前后的通道最小宽度如表7－2所示。

表 7－2　配电屏前后通道的最小宽度

结构 / 形式		单排布置			双排面对面布置		
		屏前	屏后		屏前	屏后	
			维护	操作		维护	操作
固定式	不受限制	1.5	1.0	1.2	2.0	1.0	1.2
	受限制	1.3	0.8	1.2	1.8	0.8	1.2
抽屉式	不受限制	1.8	1.0	1.2	2.3	1.0	1.2
	受限制	1.6	0.8	1.2	2.0	0.8	1.2

第二节　电气设备的保护接零与保护接地

一、接地的基本概念

接地是指把电气设备的某一部分通过接地装置同大地紧密地连接在一起。

1．接地的形式和用途

接地的形式分类如下：

- 接地
  - 临时接地
    - 检修接地
    - 故障接地
  - 固定接地
    - 工作接地
    - 安全接地
      - 保护接地
      - 防雷接地
      - 防静电接地
      - 屏蔽接地

检修接地是在检修设备和线路时，除了切断电源外，还要临时将检修的设备或线路的导电部分与大地连接起来，以防万一发生误合闸等意外情况时造成触电事故。

故障接地是指带电体与大地之间发生了意外的连接。

工作接地是维持供电系统正常安全运行的接地，如三相四线制 220/380V 系统变压器中性点的接地等。

安全接地是为了防止触电、雷击、静电火花、爆炸、电磁幅射危害而实施的接地。

本节主要讲述保护接零、保护接地和重复接地的基本原理和适用场合。

2．“地”与接地电阻

电气上的地是指距接地体 20m 以外的地，而不是接地体周围 20m 以内的地。同时，电气上的“地”是零电位的地，对地电压就是当发生接地短路时，电气设备的接地部分（设备外壳、接地线、接地体）所具有的电位与大地零电位之间的电位差为零。

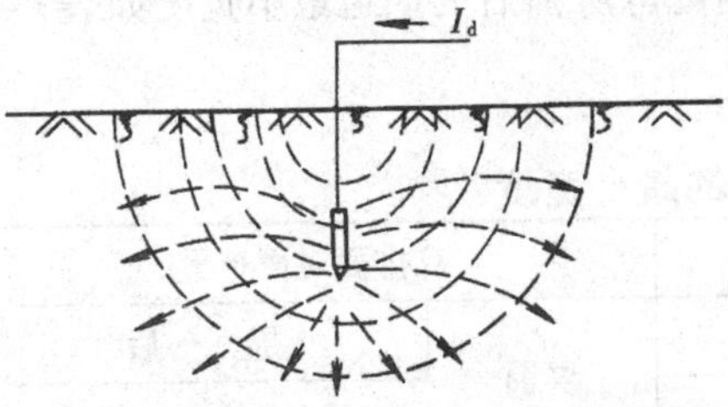

图 7－1　接地电流的流散情形

接地电阻是接地体流散电阻与接地装置电阻的总和。流散电阻是电流自接地体向周围大地流散过程所遇到的全部电阻。单一垂直接地体电流的流散情形如图 7－1 所示。由于接地线的电阻很小，与流散电阻相比可以略去不计，因此从数值上看，流散电阻就等于接地电阻。当电流通过接地体流入大地时，接地体处具有最高的电压，离开接地体后电压逐渐下降，离开接地体半径约 20m 处电压降为零。

我国规定 1kV 以下中性点直接接地的供电系统，接地电阻 $R_d \leqslant 4\Omega$。

3．接地电阻值测量及接地装置维护

接地电阻值的大小对于接地装置的作用有很大的影响，必须保证接地装置的电阻值符合要求。接地装置投产、运行和检查时必须测定接地电阻值。

接地电阻可采用专用接地电阻测量仪或电桥进行测量。由于石油库场所特殊，一般不允许普通电压接入爆炸危险区域内，所以多用专用接地电阻测量仪测定。

(1) 接地电阻测量仪测量法

接地电阻测量仪即接地摇表，主要用于直接测量各种接地装置的接地电阻和土壤电阻率。接地电阻测量仪形式较多，按其工作原理可分为电桥型、流比计型和晶体管型等几种，使用方法亦有差异，但基本原理是一样的。接地电阻测量仪本身能产生交变的接地电流，不需要外加电流，而且使用简单，携带方便，抗干扰性能较好，故应用十分广泛。常用的接地电阻测量仪有国产 ZC－8 型和 ZC－29 型几种。

ZC－8 型接地电阻测定仪有两种量程，范围为 0～100Ω 和 100～1000Ω。它们都带有两根探测针，其中一根为电位探测针，另一根为电流探测针。测量前，先把被检测的接地极引线与保护体脱开，将两根探测针分别插入地中，如图 7 – 2 所示。其距离沿被测接地极 E′，使电位探测针 P′和电流探测针 C′，依直线相距 20m，P′插于 E′和 C′之间。然后用专用导线分别将 E′、P′和 C′接到仪表的相应接线柱上。测量时，先将仪表放在水平位置，检查检流针的指针是否指在红线上，若未在红线上，则可用“调零螺丝”把指针调整指向红线，然后将仪表的“二倍率标度”置于最大倍数，慢慢转动发电机的摇把，同时旋动“测量标度盘”，使检流计指针平衡。当指针接近红线时，加快发电机摇把的转速，达到 120r/min 以上，再调整“测量标度盘”，使指针指于红线上。如果“测量标度盘”的读数小于 1 时，应将“二倍率标度”置于较小的倍数，再重新调“测量标度盘”，以得到正确的读数。当指针完全平衡在红线上以后，用“测量标度盘”的读数乘以倍率标度，即为所测的电阻值。

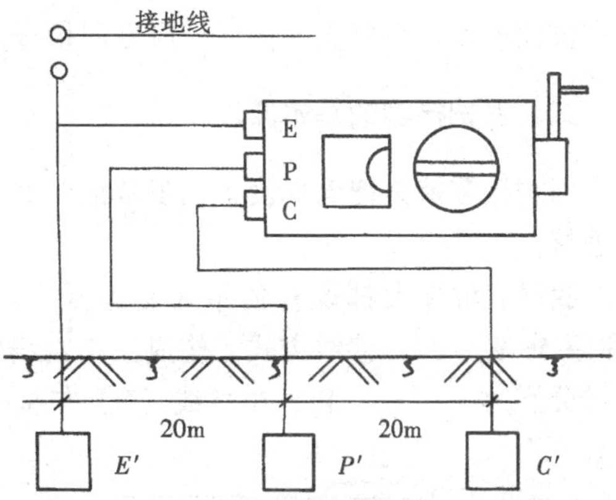

图 7 – 2　ZC – 8 接地电阻测量仪工作原理图

使用接地电阻测量仪，当检流计的灵敏度过高时，可将电位探针 P′插入土中浅一些；当检流计灵敏度不够时，可沿电位指针 P′和电流指针 C′注水使其潮湿。测量时，均应将被测量接地体同其它接地体或被保护体分开，以保证测量的正确性，也有利于测量工作的安全，并且能防止测量电压反馈到与被测接地体相连的其它导体上所引起的事故，还能消除离散电流引起的误差。

（2）接地装置的运行和维护

① 定期巡视和检查。正常使用的接地装置一般不进行大修，只对其进行维护和更换。一般情况下，接地装置应每半年定期检查一次，对防雷接地装置在每年雷雨季节前应检查一次。通过巡视与检查发现的问题和缺陷，应及时处理，以确保运行中的安全。巡视和检查内容有：连接螺栓是否齐全、牢固，接地线有无损伤、碰断和腐蚀现象，接地线同接地网的连接处是否接触良好，有无松动脱落等现象，跨接部位是否完好有效。对移动设备的接地线，应在使用前检查其接地线情况，观察有无断股等现象。对接地线地面下 50cm 以上部位，应挖开地面进行检查，观察其腐蚀程度。对含有重酸、碱、盐或金属矿岩等化学成分土壤地带的接地装置部分，一般每 5 年应挖开局部地面进行检查，观察接地体受腐蚀程度，严重的应作处理。并定期测量接地装置的接地电阻值，最好在土壤电阻率最大的季节内进行，即夏季土壤最干燥时期和冬季土壤冰冻严重时期，判定接地电阻值是否达到要求，否则应进行降阻处理。

② 日常维护。除对接地装置进行定期巡视检查外，还应加强日常维护工作。轻油收发油区和灌桶间的静电接地应每月进行外观检查。要经常观察人工接地体周围的环境情况，不应堆放具有强烈腐蚀性的化学物质；明敷的接地线表面所涂的标志漆应完好无损；对于接地装置与公路、铁路或管道等交叉的地方应设法采取保护措施，以防止接地线受到

损坏；接地装置在接地线引入建筑物的入口处，最好有明显的标志，以便为运行维护工作提供方便；设备在每次大修后，应专门检查其接地线连接是否牢固。

二、保护接零的基本原理

保护接零就是把电气设备在正常情况下不带电的金属壳体部分与供电系统的零线作电气连接。

我国石油库大都设有独用的变压器，并采用变压器低压侧中性点直接接地的 Yyno（即原 Y/Y_0-12）接线方式，构成三相四线制低压配电系统，也称为 TN－C 系统。三根相线分别为 L_1、L_2、L_3，中性线（N）与接地保护线（PE）合一，称为 PEN 线。

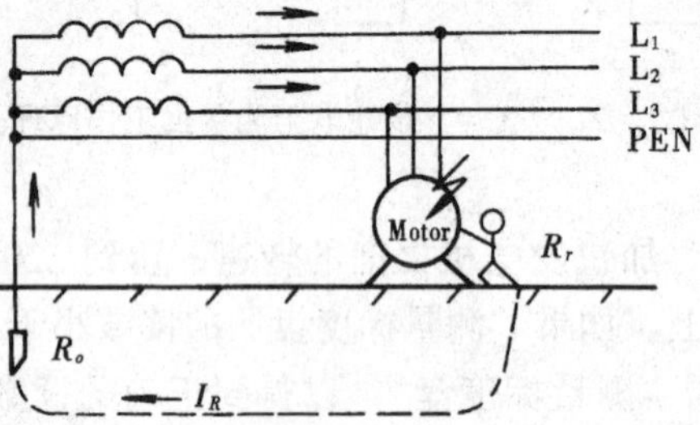

图 7－3　Yyno 系统电气设备不接地不接零

1. Yyno 系统中电气设备外壳不接 PEN 线（非常危险）

在 Yyno 系统中，不管电气设备外壳接地与否，在发生相地短路故障时，是非常危险的。

(1) 电气设备外壳不接地

电气原理如图 7－3 所示。当发生相线与外壳碰线而短路时，外壳带电。人体触及外壳，电流由带电外壳通过人体流入大地，然后再经中性点接地装置回到变压器中性点，构成完整的电气回路。此时人体将承受相—地电压 220V。据有关资料介绍，人体电阻约 1kΩ，10mA 以上的工频电流对人有危险，100mA 以上工频电流可很快致人死亡。而图 7－3 所示情形，人体流过的电流为：

$$I_R=\frac{U}{R_r+R_o}=\frac{220}{4+1000}\approx 220\text{mA}$$

显然这是极其危险的。

(2) 电气设备外壳接地

电气原理如图 7－4 所示。Yyno 系统在故障情况下，电气设备金属外壳接地，一旦外壳带电，人体触及时，人体和保护接地电阻并联：

$$I_D=\frac{U}{R_o+R_d /\!/ R_r}\approx\frac{220}{4+4}=27.5\text{A}$$

则通过人体的电流可由分流公式求得：

$$I_R=\frac{R_d}{R_d+R_r}\times I_D=\frac{4}{4+1000}\times 27.5$$

$$=\frac{4}{1004}\times 27.5\approx 110\text{mA}$$

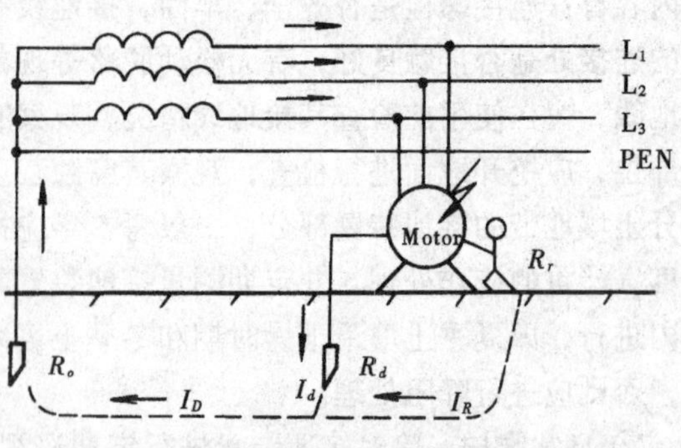

图 7－4　Yyno 系统电气设备接地不接零

这个电流值对人体还是非常危险的。另外，在这种情况下，由于接地电阻、土壤电阻的存在，限制了相—地短路故障电流的剧升，使设在故障电路上的保护装置（如熔断器）不能迅速动作断开故障设备的电源，从而使故障长期存在下去。不但人体无意触及时会有触电危险，而且与金属件相碰时会产生电火花，这对石油库而言危险性极大。

以上分析可知，在中性点直接接地的系统中，电气设备外壳接地与否，都存在着发生人身触电和电火花的隐患。

2．Yyno系统中电气设备外壳必须保护接零（接PEN线）

变压器中性点直接接地的Yyno系统中，电气设备外壳采用保护接零的电气原理如图7-5所示。

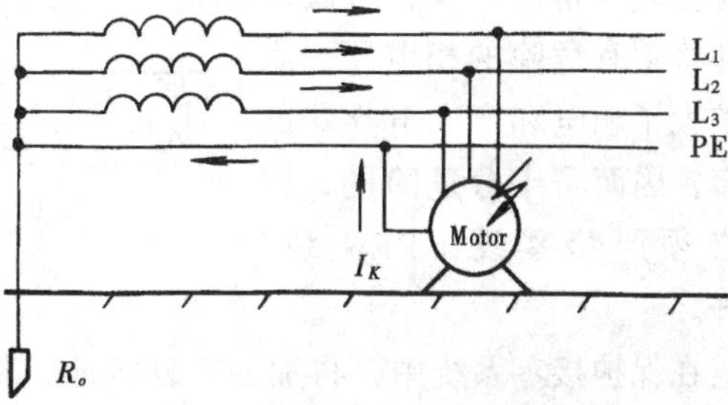

图7-5　Yyno系统电气设备外壳保护接零

电气设备外壳保护接零后，若因某种原因造成相线碰壳即相线—PEN线短路状态。由于PEN线的阻抗与大地电阻、人体电阻相比是极小的，所以短路电流I_k很大，通常比额定电流大几倍甚至几十倍。这样，就能使线路上的保护装置迅速动作，从而切断故障电路的电源，避免触电或电火花事故。

三、保护接零的应用范围

保护接零适用于变压器低压侧中性点直接接地、电压为380/220V的三相四线制（Yyno）供电系统中，不论环境如何，为避免各类事故的发生，用电设备外壳均应接零（接PEN线）。

四、重复接地的作用

在采用保护接零的情况下，除变压器中性点直接接地外，还必须在PEN线上进行一处或多处重复接地，这在有关规范中都有详尽明确的规定。重复接地的作用，首先是当发生相线—机壳短路故障时，可以降低零线、机壳的对地电压；其次是在零线一当断开时，可以减轻故障的危害程度；此外，在保护接零系统中，即使没有出现设备漏电，仅仅出现三相负荷不平衡，将造成“零点飘移”，零线上也可能出现对地电压。只是三相负荷不平衡状态并不十分严重，这一对地电压一般并不大，不致造成人身触电危险，但却存在产生电火花的危险，因此，在石油库中也应加以预防。零线（PEN线）重复接地可以限制因“零点飘移”引起的零线对地电压。还有，重复接地与工作接地构成零线的并联分支，所以当发生短路故障时，能加大短路电流，从而迫使设置在电气线路上的保护装置更快动作，切断故障电路。

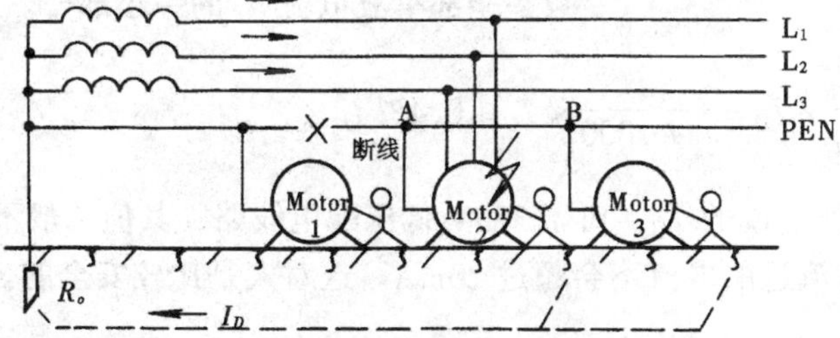

图7-6　没有重复接地时PEN线断线故障

如图7-6所示，零线（PEN线）未设重复接地，若零线断线后并有一相碰壳，此时PEN线断线点后的电气设备外壳对地电压接近相电压220V，是非常危险的。

在图 7－7 中，断线点前（靠近变压器侧）的电气设备 M_1，可以正常工作，而断线点后的电气设备 M_2、M_3……，所有电气设备因接零，金属外壳都将带有危险的相电压，大大扩大了触电和产生电火花的机会，因而是十分危险的，因此必须严禁零线（PEN 线）断开。

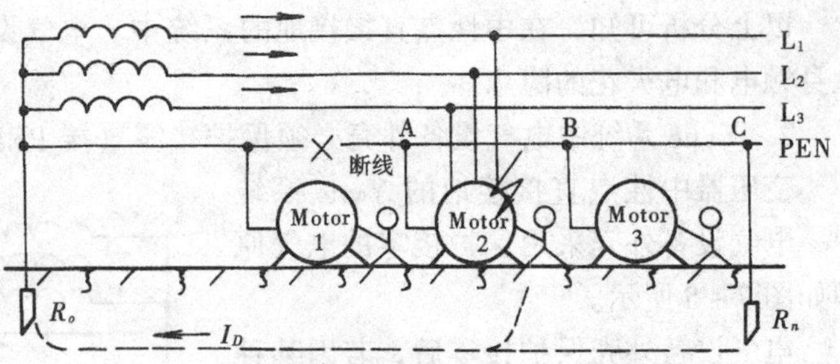

图 7－7　有重复接地的 PEN 线断线故障

在保护接零系统中，再加上重复接地，将大大改进安全性能，如图 7－7 所示。

在断线点前的电气设备 M_1，实际情况没有改变；在断线点后的所有电气设备 M_2、M_3……，由于 A、B、C 三点均与 PEN 线接通，C 点又通过 R_n 与大地接通，此时与 A、B 点联结的电气设备 M_2、M_3 实质上与图 7－4 完全相同，即设备外壳带有一半相电压。虽不能尽如人意，但毕竟还是能使电压有所降低，显然这是可取的。

由前面的讨论，我们可以得出这样的结论：在中性点直接接地的 Yyno 系统中，应将所有正常工作时不带电的电气设备的外壳采取保护接零，并按规定在适当的地点重复接地。为了确保安全，要严防由各种原因引起的零线断线故障。

五、保护接地的基本原理及应用范围

1．保护接地的基本原理

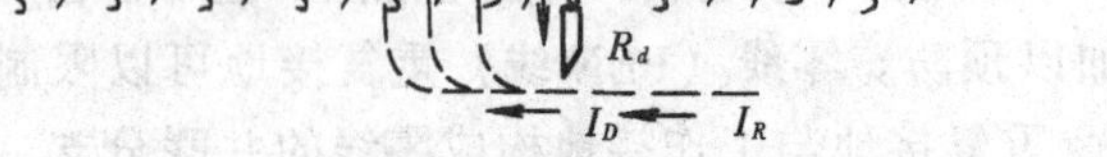

图 7－8　中性点不接地系统电气故障原理图

保护接地应用在变压器低压侧中性点不接地的电力系统中，其电气原理如图 7－8 所示。配电线路与大地间存在分布电容 C。当相线发生碰壳时，将形成回路电流 I_D，使电气设备外壳具有一定的电位。若此时人体触及设备外壳，由于人体电阻 R_r 与接地电阻 R_d 并联，通过人体的电流 I_R 的大小只是全部事故电流 I_D 的一小部分。

$$I_R = \frac{R_d}{R_d + R_r} \times I_D = \frac{4}{4 + 1000} \times I_D \approx 0.4\% I_D$$

由配电线路与大地间分布电容所造成的 I_D，对于 380V 低压配电线路，其值一般不超过 5A。也即人触及电气设备外壳时流过的电流不会超过 20mA。这对人是比较安全的。

2．接地保护的应用范围

保护接地适用于变压器低压侧中性点不接地的电网中。在这种电网中，凡是由于某种原因可能出现较高电压引起触电危险的金属部件，一般都要保护接地。

中性点不接地的电网系统石油库不能采用。这是因为在该系统中，电气设备外壳无论保护接地与否，当发生相线碰壳故障时，外壳将带电，而且故障将长期存在下去。这种情况，虽然对人体而言是安全的，但如遇金属导体偶然触及时，仍可能产生足以引燃油蒸气的电火花而导致火灾、爆炸事故。因而这种保护方式不宜在石油库爆炸危险区内使用。其最主要的原因是故障不能及时发现和排除。

六、保护接零的安全要求

1．接零与接地不能混用

在同一供电系统中，不允许有的电气设备采用保护接零，而有的电气设备采用保护接地。如图7－9所示。图中的 M_1 接零，M_2 接地。当 M_2 发生相线碰壳时，电流通过 R_d 和 R_o 构成回路，事故电流为 I_D，由前面计算可知，其值约为27.5A，此事故电流值将不可能使线路保护装置动作，因此故障将长期存在。同时还将导致PEN线对地电压升高，使所有保护接零的电气设备外壳的对地电压升高，这对处于爆炸危险区域内的电气设备是极其危险的。

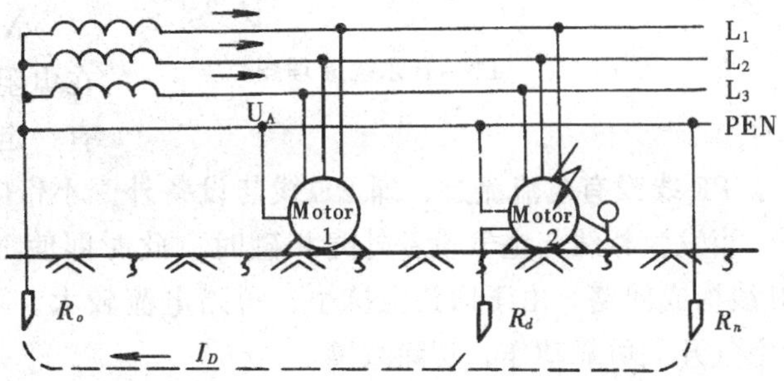

图7－9　接地与接零混用情形(不允许)

由于这类故障隐蔽性和持久性，其危险性极大，必须严加防范。

如果在图7－9的 M_2 处，按虚线所示再将 M_2 的金属外壳接零，其安全性能将得到保证。而此时 M_2 的接地装置 R_d 就变成重复接地，这对保证电气设备安全可靠地工作是有益无害的。

2．对重复接地和接零装置的安全要求

对于电气系统，为了增强安全程度，重复接地和接零装置必须始终处于良好可靠的工作状态。主要有以下几个方面的安全要求：

① 保证导电的连续性，不得脱断；

② 连结处要牢固可靠，接触良好；

③ 具有足够的机械强度、导电能力和热稳定性；

④ 其它方面的要求：如防腐蚀要求，接地装置应采用镀锌钢材，焊接处涂沥青；每台电气设备接零线应单独与接零干线相连，不得多台电气设备串联连接，为提高可靠性，接零干线应有两处同接地体直接连接；埋地深度要求大于0.6m，并在冻土层以下；保证足够的地下安装间距等。

七、TN－S（三相五线）供电系统

我国国家标准GB 50257—96《电气装置安装工程：爆炸和火灾危险环境电气装置施工及验收规范》中5.1.1指出“在爆炸危险环境的电气设备的金属外壳、金属构架、金属配线管及其配件、电缆保护管、电缆的金属护套等非带电的裸露金属部分，均应接地或接零”；5.1.6指出“电气设备及灯具的专用接地线或接零保护线，应单独与接地干线（网）

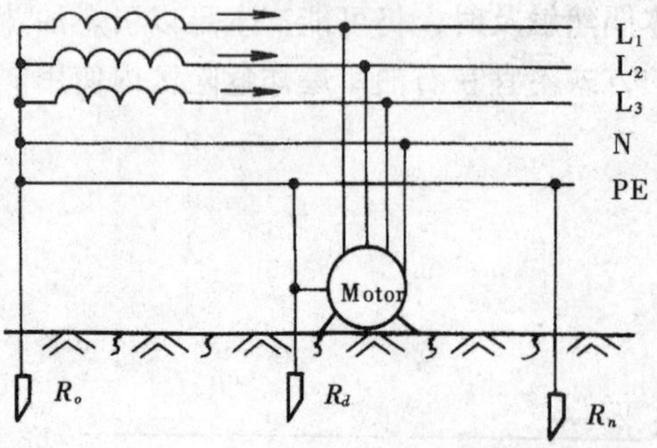

图 7－10　TN－S 系统原理图

相连，电气线路的工作零线不得作为保护接地线用”。也就是说，石油库中应采用安全性更高的三相五线制供电系统（即 TN－S 系统）。该系统的特点是把工作零线（也称中性线，N 线）和保护接地线（PE 线）分开，比三相四线制多一根保护接地线（PE 线），PE 线在中性点与供电系统连接。如图 7－10 所示。

N 线用于流过负载电流。由于导线存在电阻，当三相负载不平衡时，N 线将带有一定电位。而电气设备处于正常工作时，由于 PE 线没有电流流过，即 PE 线与设备外壳不带电位。

当发生相线与电气设备外壳相碰时，此时即使 N 线处于断线状态，短路电流仍可沿 PE 线构成回路。由于回路阻抗小，短路电流较大，可使供电系统保护设备如熔断器或自动空气开关可靠动作，切除故障。

TN－S 系统，N 线除中性点工作接地外，其它任何地方不可重复接地。这样可防止三相负载不平衡使 N 线具有的偏移电位经 PE 线重复接地体构成回路，使电气设备外壳带有一定电位的不利状态。

PE 线要尽可能多设重复接地。这样可减轻相线发生单相接地短路时由于中性点电位升高对其它电气设备的影响。

目前在石油库中广泛采用的三相四线制配电系统（Yyno 系统）也称为 TN－C 系统。把 TN－C 系统更改为 TN－S 系统，需从变压器中性点处增敷一根 PE 线到各用电设备的金属外壳，在实际实施过程中可能存在诸多困难。但我们可以采用过渡措施来达到目的，即TN－C－S系统，如图 7－11 所示。

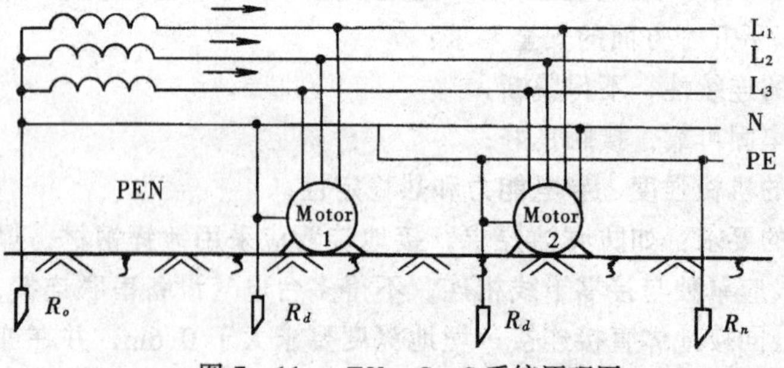

图 7－11　TN－C－S 系统原理图

TN－C－S 系统前一部分 N 线与 PE 线合为 PEN 线，而后一部分 N 线与 PE 线分开敷设，对电气设备的安全保护性能介于 TN－S 和 TN－C 系统之间。

第三节　电气安全装置

为了保证生产工作的正常进行，防止事故（触电、接地、火灾、爆炸和机械伤害等）

发生，石油库内使用的有关电气安全装置统称为电气安全装置。按装置的用途可分为漏电保护装置、电气安全联锁装置和信号装置三类。

一、漏电保护装置的保护原理

漏电保护装置适用于1000V及以下的低压系统，但作为检查漏电也可用于高压系统。它用于防止漏电而引起的触电事故；防止单相触电事故；防止漏电引起的火灾事故；监视或切除一相接地故障。其原理如图7－12所示。设备漏电时，出现两种异常现象：一种是三相电流不平衡，即出现零序电流 i_o（$i_o = i_{L_1} + i_{L_2} + i_{L_3}$）；另一种是在正常时电气设备不带电的金属壳体部分出现对地电压 $U_d = i_o \times R_d$。漏电装置是通过检测机构取得两种异常信号，经中间机构转换和传递，促使执行机构动作断开电源开关。

漏电保护装置种类很多，按反应信号种类可分为3种：一种是以反映外壳对地电压大小为基础的电压型漏电保护装置；另一种是以反映零序电流大小为基础的零序电流型漏电保护装置；第三种是除了反映零序电流大小外，还可以反映泄漏电流大小为基础的泄漏型漏电保护装置。

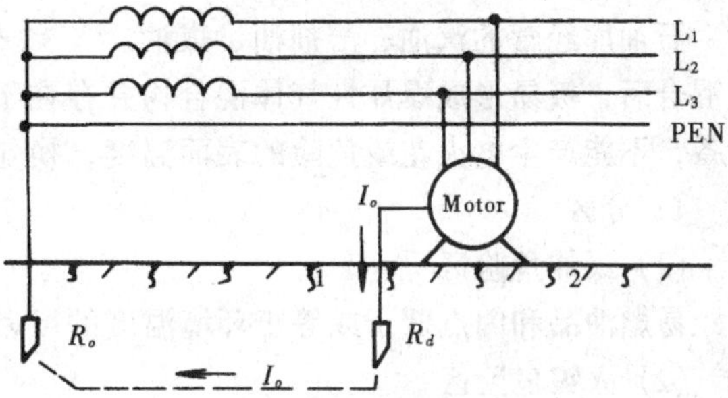

图7－12　设备漏电图

电压型漏电保护装置主要参数是动作时间和动作电压；电流型漏电保护装置主要参数是动作时间和动作电流。电压型装置的动作电压一般不超过安全电压。电流型装置分高灵敏度（30mA及以下）、中灵敏度（30mA至1000mA以下）和低灵敏度（1000mA以上）。使用时应根据具体要求，适当选择灵敏度。保护装置的不动作电流不应低于动作电流的1/2。

漏电保护装置的动作时间选择决定于保护要求，一般分为快速型（动作时间不超过1s）、定时限型（动作时间不超过0.1～2s）、反时限型（在1倍动作电流时，时间小于1s；2倍动作电流时，时间小于0.2s；5倍动作电流时，时间小于0.03s）。

单纯以防止触电为目的的漏电保护装置应选用高灵敏度、快速型装置；一般动作时间在1s以上时，动作电流应小于30mA；动作时间在1s以下时，动作时间和动作电流的乘积不超过30mAs。

二、联锁装置和信号装置

凡装置的动作取决于另一装置的动作者，就称另一装置对该装置联锁，它们统称为联锁装置。以安全为目的的电气联锁装置称为电气安全联锁装置。信号装置也具有一定的联锁关系，与前者不同之处主要在于只发出信号而不直接实现控制。电气联锁装置一般装设于设备本身以及各设备之间或附在其它设备上，按用途可分为4种。其一是以防止人体直接接触或接近带电体等事故为基础的防止触电事故的联锁装置，如变电所的防误操作联锁装置和电容器自动放电联锁装置；其二是以排除短路、过载、缺相运行等故障为基础的排除电路故障的联锁装置；其三是以供电安全和自动化需要为基础，实现一定动作程序、执行安全程序的联锁装置（母联开关、分段投切联锁装置、电焊机空载自停装置）；其四是借助电气安全联锁装置来防止机械伤害、爆炸等非电气事故的联锁装置，如防止爆炸性气体混合物或化学有害物质增加到危险值时的电气联锁装置等。另外还有信号和报警装置，它们已大量用于发、供、变、配、用电装置中，一般以光、电、机械掉牌和音响报警显示为内容。当故障时，发出信号警告，指示事故性质和自动装置的动作情况，以便及时采取安全措施，消除危险。

第四节　防爆电气设备

一、爆炸危险区域的划分

石油库经营的汽油、溶剂油、煤油、－35号柴油等轻质油品挥发出来的油蒸气与空气混合后，极易形成爆炸性气体混合物并存在于一定的区域内。因此处于该区域内的电气设备，不能产生电火花或危险的表面温度，换句话说电气设备必须采取防爆技术。

1．分区

(1) 爆炸危险区

易燃油品和闪点低于或等于环境温度的可燃油品生产作业区及其周围的有限空间。

(2) 火灾危险区

21区：具有闪点高于环境温度的可燃液体，在数量和配置上能引起火灾危险的环境；

22区：具有悬浮状的可燃粉尘或可燃纤维，虽不可能形成爆炸性混合物，但在数量和配置上能引起火灾的环境；

23区：具有固体状可燃物质，在数量和装置上能引起火灾的环境。

(3) 一般用电区

除爆炸危险区和火灾危险区外的其它用电区。

2．爆炸危险区

石油库内轻质油品爆炸性气体混合物爆炸浓度极限范围在0.6%～8%之间。根据爆炸性气体混合物在生产作业区出现和积聚的可能性，我国国家标准《爆炸和火灾危险环境电力装置设计规范》（GB 50058—92）中将爆炸性气体环境危险区域划分为3个区域：

0区　连续出现或长期出现爆炸性气体混合物的环境。

1区　在正常运行时可能出现爆炸性气体混合物的环境。

2区　在正常运行时不可能出现爆炸性气体混合物的环境，或即使出现也仅是短时存在的爆炸性气体混合物的环境。

在这里，正常运行是指正常的开车、运转、停车、易燃物质产品的装卸、密闭容器盖的开闭、安全阀、排放阀以及所有工厂设备都在其设计参数范围内工作的状态。

3．图例

需要指出的是国标GB 500058—92中对0区、1区、2区的定义与中国石油化工集团公司企业标准《石油库电气安全规程》（Q/SH 039—016—90）略有不同，特别是对这3个区域的图例表示形式有明显差异。如表7－3所示。

表 7-3 国家标准与企业标准对爆炸危险区域图例的区别

图　　例	0 区	1 区	2 区
国家标准	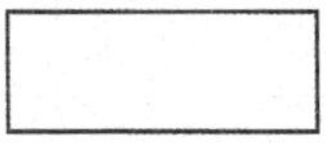		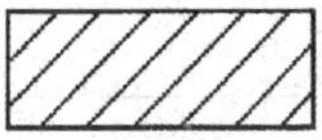
企业标准		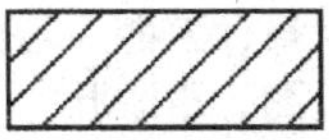	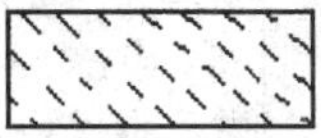

根据级别优先和时间优先原则，在今后的生产实际应用中应采用国标规定的定义和图例。关于石油库内爆炸危险区域的等级与范围划分参见国标《石油库设计规范》（GBJ 74—84，1995 年修订本）附录三：“石油库内建筑物、构筑物的爆炸危险区域的等级与范围划分”。

二、爆炸性气体混合物的类、级、组

1．爆炸性气体混合物的分类

影响爆炸性气体混合物爆炸性能的诸多参数中，最具代表爆炸性气体混合物性能的参数有 3 个：

① 最大试验安全间隙（MESG）。系指爆炸性气体混合物在规定的试验容器内部爆炸时，这一容器具有可以阻止内部火焰向外部传播的间隙最大值。

② 最小点燃电流（MICR）。系指采用安全火花检验设备对爆炸性气体混合物进行测试，被标准试验电路产生的火花点燃的电流最小值与点燃甲烷气的最小电流值之比。

③ 引燃温度。能引起可燃性物质燃烧的最低温度即为引燃温度。

2．爆炸性气体混合物的分级

爆炸性气体混合物的分级，是根据 MESG 和 MICR 的大小决定的。见表 7-4 所示。

表 7-4 爆炸性气体混合物分级

级别	最大试验安全间隙（MESG）/mm	最小点燃电流比（MICR）
ⅡA	≥0.9	≥0.8
ⅡB	0.5＜MESG＜0.9	0.45≤MICR≤0.8
ⅡC	≤0.5	＜0.45

3．爆炸性气体混合物的分组

爆炸性气体混合物按引燃温度分组，如表 7-5 所示。

表 7-5 爆炸性气体混合物的分组

组　别	T1	T2	T3	T4	T5	T6
引燃温度/℃	＞450	300＜T≤450	200＜T≤300	135＜T≤200	100＜T≤135	85＜T≤100

工业上常见的爆炸性气体分组如表 7－6 所示。

表 7－6　爆炸性气体分级分组举例

类级组	T1	T2	T3	T4	T5	T6
ⅡA	甲烷、乙烷、丙烷、丙酮、苯乙烯、氯苯、甲苯、苯、氨、甲醇、一氧化碳、乙酸乙脂	丁烷、乙醇、丙烯、丁醇、乙酸戊酯、乙酸肝	戊烷、已烷、庚烷、癸烷、辛烷、汽油、煤油、硫化氢、环已烷	乙醚 乙醛		亚硝酸乙酯
ⅡB	二甲醚、民用煤气、环丙烷、丙烯腈	环氧乙烷、环氧丙烷、丁二烯、乙烯	异戊二烯			
ⅡC	水煤气、氢	乙炔			二硫化碳	硝酸乙酯

石油库中汽油等轻质油品挥发的爆炸性气体混合物属于ⅡA 类 T3 组。

三、防爆基本知识

防爆电气设备在石油、化学、煤炭工业中占有很大的比例，这些设备用于爆炸危险场所中，是由于我们对这些设备的结构采取了一些适当的措施，使之能消除或引起周围易爆介质爆炸的可能性减至最小。这些防爆措施分为两大类：

第一类防爆措施是允许在电气设备内部有爆炸的可能，但不允许爆炸传递到设备外周围介质中去。经受得住爆炸压力的隔爆外壳就是这种措施的基本要求。爆炸和燃烧的传播实质是能量的传播，隔爆外壳的隔爆面使得当机壳内部发生爆炸时，向外逸出的火焰及爆炸生成物能冷却到安全温度。爆炸生成物以及火焰的冷却是由足够窄而且长的缝隙（间隙）来保证。

第二类防爆措施又可分为两组：第一组是用液体、粒状填料、纯净空气或惰性气体把点燃源与周围的爆炸性混合物隔离开来。其危险部分浸在绝缘液体内（通常为变压器油）的电气设备称为充油型电气设备；如埋在粒状填料中（石英砂）则称为充砂型电气设备；如果通过保持电气设备内的空气或惰性气体压力大于大气压来防止爆炸性混合物向内渗透，这种电气设备称为防爆通风充气型电气设备。

第二组是在电工产品上采取一些安全措施，如加强壳体防护等级、降低负荷电流、降低温升、增大导电部件的空气间隙和绝缘零件表面的漏电距离以及相应的电气保护等方法，使其最大限度地阻止电气设备运行时产生火花、电弧或危险的表面温度，如增安型电气设备；或者采取保护性元件，限制设备不能产生火花和高温，即使在故障情况下有可能产生的火花和高温，由于功率所限而不能点燃周围的爆炸性气体混合物，这就是本质安全型电气设备。

除了上述措施之外，还有防爆特殊型，其结构不属于上述防爆电气设备。

表 7－7 列出了几种防爆措施的示意图。

表 7－7　防爆措施示意图

方法	符号	图　式	应　　用
隔爆型	d		大功率技术、电动机、变压器、开关、灯具等易引起火花的部件
充油及充砂型	o q	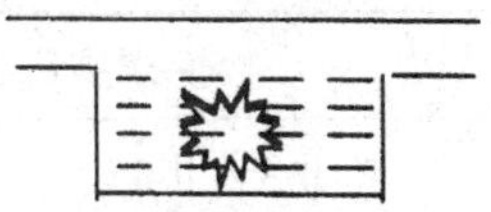	开关、变压器、加热器、熔断器
通风充气型	p		同隔爆外壳、特别是大功率电气设备或建筑物内
增安型及无火花型	e n		鼠笼式电动机、接线盒、照明装置、测量控制系统
本质安全型	i_a i_b	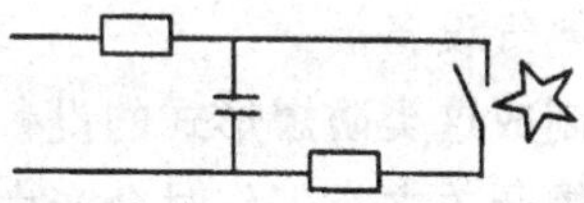	小功率技术、测量控制系统

1．隔爆型电气设备（d）

（1）防爆原理

隔爆型电气设备是指设备外壳能承受内部爆炸性气体混合物的爆炸压力，并可阻止火焰向外部传播的电气设备。

隔爆型电气设备是石油库电气设备中使用最多的防爆电器，它的外壳承担着两项任务：一是外壳内部发生爆炸时不能损坏及变形，二是不能将壳内的爆炸扩散到壳外。壳内发生爆炸时会产生很大的压力，如汽油按标准试验测得最大爆炸压力为 0.85MPa，我们要求所有隔爆型电气设备能承受 1.5 倍的爆炸压力而不损坏或永久性变形。隔爆性也称不传爆性，是隔爆型电气设备的基本性能，它是由外壳的法兰结合面（隔爆面）来实现的。事实上，没有绝对不传爆的间隙，在大量的试验中，总会有较少次数的传爆现象发生，间隙越小，传爆或然率越低，也越安全。实际上隔爆型设备外壳的隔爆间隙是增加了一定的安全系数，使其传爆或然率降低到足够低（10^{-4}或更低）的程度后确定的，在正常情况下，这个隔爆间隙是能够保证设备安全的最大间隙值，即最大试验安全间隙。

（2）隔爆型电气设备的安装和维护

隔爆型电气设备在安装和维护前，应进行下列检查：

① 设备的型号、规格应符合设计要求，铭牌及防爆标志应正确、清晰；

② 隔爆结构及间隙应符合要求，设备的外壳无裂纹、损伤；

③ 接合面的紧固螺栓应齐全，弹簧垫圈等防松设施应齐全完备，弹簧垫圈应压平；

④ 接地标志及接地螺钉完好。

隔爆型电气设备不宜拆卸。需要拆卸时，应符合下列要求：应妥善保护隔爆面，不得损伤；隔爆面上不应有砂眼及机械伤痕；无电镀或磷化层的隔爆面，经清洗后应涂磷化膏、电力复合脂或204号防锈油，严禁刷漆；组装时隔爆面上不得有锈蚀层等。

隔爆接合面的紧固螺栓不得任意更换，弹簧垫圈应齐全。

螺纹隔爆结构，其螺纹的最小啮合扣数和最小啮合深度，不得小于表7-8所示值。

表7-8 螺纹隔爆结构螺纹的最小啮合扣数和最小啮合深度

外壳净容积 V/cm^3	螺纹最小啮合深度/mm	螺纹最小啮合扣数	
		ⅡA、ⅡB	ⅡC
$V \leqslant 100$	5.0	6	试验安全扣数的2倍，但至小为6扣
$100 < V \leqslant 2000$	9.0		
$V > 2000$	12.5		

2. 增安型电气设备（e）

（1）防爆原理

增安型电气设备是指在正常运行时不产生火花、电弧或在易产生危险的表面温度的部件上采取适当的措施，以提高其安全性能的电气设备。

根据增安型电气设备的防爆原理，能够制成这类防爆形式的设备，在正常工作时，必须没有电弧、火花或危险的表面温度产生，像开关之类工作时会产生火花的设备是不宜制成增安型的。而接线盒、灯具、异步电机等适用于制成这种防爆形式。为了预防点燃源的产生，要求凡是能够与可燃气体接触的部位都不允许出现超过爆炸性气体混合物级别对应的温度值。因此，只有对设备进行精心的选择以及对设备安装、使用维修采取一定措施，才能实现防爆的目的。

（2）结构要求

① 外壳防护要求。为了避免水分、灰尘进入外壳内部，降低绝缘材料的强度和使用寿命，避免外物或人身触及壳内带电零件或运动部件，发生触电、电火花和机械火花，防爆增安型设备的外壳要满足一定的防尘要求。考虑设备的使用和环境情况，要求结构上采取不同的防护措施。

绝缘带电部件达到IP44。

裸露带电部件达到IP54。

② 极限温升。防爆增安型电气设备各个部件的表面温度不能超过爆炸性气体混合物组别所对应的温度。当标准的环境温度规定为+40℃时，组别温度与环境温度之差即为设备的极限温升。

设备安装地点的特殊条件应作相应的考虑，如场所内操作温度、其它设备的热传导和热辐射影响等。

③ 温升时间 t_k。电气设备各部件温度从环境温度升高到爆炸性气体混合物的组别温度下限值所需的时间。希望电机的温升时间 t_k 尽量长些，但因受爆炸性气体混合物组别温度的限制，温升时间 t_k 不能无限制地增大。人们在研究中综合地考虑了安全问题后，规定了一个比较合适的 t_k 范围，即 t_k 要尽量大于10s，最低不小于5s。

（3）增安型电气设备的使用和维护

在使用和维护时，不得破坏外壳的防护性能，以免灰尘和水分进入壳内降低绝缘性能，形成漏电事故。为此，密封垫圈不能随意拆卸，丢失的应及时补上。外部导线的引入要注意做好密封，不能草率处理。

必须设置可靠的专用接地线与设备的接线端子相连接。接线要采用防松螺栓（或螺母），连接方式应能避免由于运行中的振动而松动或发生火花及过热现象。

对于增安型电机，应注意测量定转子间单边气隙是否符合要求。电机应配有可靠的继电保护装置，使其能在 t_k 时间内动作切断电源。对于大电机，启动时间不超过1.7倍 t_k 时间，在热状态下启动则不超过 t_k。注意不能连续数次频繁启动，当负载较重启动特别困难时，只能在冷状态下启动。

增安型电机选择负荷不能太大，一定要留有余量，一般选择80%为宜，以免由于过负荷引起发热、烧毁电机。

使用增安型设备要建立定期检修制度，时间可根据具体情况而定，一般应一年进行一次。检修的内容包括清洗或更换轴承、更换润滑脂、测量绝缘电阻、更换老化失效的衬垫、测量定转子单边气隙值以及设备表面的涂漆防锈等。涂漆防锈时不能覆盖设备的防爆标志和铭牌。

3．本质安全型电气设备（i_a，i_b）

（1）防爆原理

本质安全型防爆电气设备，是指电气系统或设备在正常或故障状态下产生的电火花或表面温度不能引起爆炸性气体混合物爆炸的电气设备。

带电体在空气中的距离足够近或带电体之间的电位足够大，都会造成空气被击穿，电能释放产生火花。在电气设备中，开关的通断、接点的开闭、短路等都会造成火花或电弧，就可能点燃爆炸性气体混合物。点燃与否取决于多种因素，其中一个重要因素就是火花的能量。高能量的放电火花能导致点燃，能量小到一定程度则不会点燃爆炸性气体混合物。如果火花的出现不可避免，那么我们一定要采取技术措施，将火花能量限制在较低的范围内，使其即使产生火花，也不可能把爆炸性气体混合物点燃。本质安全型设备就是选择适当的电路参数，限制火花的能量，从而达到防爆目的。

① i_a 级：在正常工作、一个故障和二个故障存在时均不能点燃爆炸性气体混合物的电气设备。

② i_b 级：在正常工作和一个故障存在时均不能点燃爆炸性气体混合物的电气设备。

（2）本质安全型防爆电气设备防爆模式

本质安全型防爆电气设备通常由三部分组成：现场仪表（本安设备）、连接电缆和关联设备。

现场仪表包括各种形式的“物理量－电量”变换器。石油库中使用的有：流量变送器、液位变送器、温度变送器（热电阻，热电偶）、爆炸性混合气体探测器等。

连接电缆包括电源电缆、信号电缆、控制电缆等，但必须注意采用有防爆性能的电缆。

关联设备包括安全栅和二次仪表。安全栅是限制电气能量的电气设备，常用的有电阻限压式、齐纳二极管限压式，光电耦合式和机械隔离式等。二次仪表用于被测物理量的显示、报警和控制。

本质安全电气设备防爆模式见表 7－9 所示。

表 7－9　本质安全型电气设备防爆模式

序号	安装场所	
	爆炸危险区	非爆炸危险区
1	本安设备→本安电路→	→关联设备→一般电路→普通设备
2	本安设备→本安电路→关联设备→防爆外壳→	→一般电路→普通设备
3	本安设备→本安电路→关联设备→防爆外壳→	→一般电路→关联设备
4	本安设备→本安电路→	→本安设备
5	本安设备	

(3) 安装与维护

在爆炸危险场所安装及维护本质安全型电气设备应注意：

检查设备的防爆标志和铭牌是否与使用场所的环境条件相符。如爆炸性气体混合物的级别、组别、环境温度、湿度、海拔高度、设备防护等级、防腐、振动冲击、供电电压等级等。

确定接地方式。根据产品说明书及现场情况、安全栅电路结构形式而定。

在调试设备时，应严格检查场所内是否有爆炸性气体混合物的存在，调试中的仪器仪表是否影响安全。一般调试只限于机械调零，不得触动或更改线路；除规定的调试设备外，不得用其它任何电表或仪器。调试工作尽可能在安全场所进行。

四、防爆电气设备的基本要求

除了符合普通电气设备电气性能的基本要求外，防爆电气设备还应满足以下几方面的要求：

1．防爆必备标志

① 防爆电气设备必须有明显的永久性的“Ex”防爆标志。

② 铭牌上必须标明电气设备适用的爆炸性气体混合物场所的类别、级别和组别，如 dⅡBT4。

③ 铭牌上必须标明国家指定的检验单位发给的防爆合格证号。

上述 3 个条件缺一不可。

2．外壳表面温度

外壳表面温度，其数值不得超过对应级别的下限值，否则将引燃对应爆炸性气体混合物。如表 7－10 所示。

表 7－10　防爆电气设备外壳表面的最高温度

温度组别	T1	T2	T3	T4	T5	T6
最高温度/℃	450	300	200	135	100	85

3．设备的选用

① 根据爆炸危险区域的分区、电气设备的种类和防爆结构的要求，选择相应的电气设备。

② 选用的防爆电气设备的级别和组别，不应低于该爆炸性气体环境内爆炸性气体混合物的级别和组别。当存在有两种以上易燃性物质形成的爆炸性混合物时，应按危险程度较高的级别和组别选用防爆电气设备。

③ 爆炸危险区域内的电气设备，应符合周围环境对电气设备的要求，如防水、防尘要求、防潮要求等。

必须注意，在选择防爆电气设备的级别和组别时，应根据爆炸性气体混合物的类、级、组来确定。如石油库内汽油等轻质油品挥发产生的爆炸性气体混合物级别和组别为ⅡAT3,因此，选择的防爆电气设备的级别和组别应在ⅡAT3以上，在石油库通常选ⅡBT4。

石油库爆炸危险区域内1区和2区使用的电气设备，如旋转电机、低压开关、控制器、灯具及电气连接件等采用隔炸型（d）为宜；信号、报警装置等电气设备防爆结构选型见表7－11所示。

表7－11　信号、报警装置等电气设备防爆结构选型

区域 / 设备	0区	1区				2区			
	i_a	i_a，i_b	d	p	e	i_a，i_b	d	p	e
信号报警装置	○	○	○	○	×	○	○	○	○
插接装置			○				○		
接线箱（盒）			○		△		○		○
电气测量表			○	○	×		○	○	○

注：○为适用；△为慎用；×为不适用。

4．电气整体防爆

所谓电气设备的整体防爆是指在爆炸危险区域内的所有电气设备、线路、附件及安装方式均应符合该区域的防爆要求。

在整体防爆中，不但要求构成整体，即在爆炸危险区域内设置的全部电气设备、线路和附件构成一个完整的电气防爆体系，而且要求防爆体系完整，即自设计、选用、施工、安装、交接验收、运行维修、更新改造直至停用报废前的全过程中，都应确保该体系始终保持完好的电气防爆性能。

5．新旧国标防爆模式表示形式的区别

为了与国际通用的“I.E.C”标准相一致，新国标《爆炸和火灾环境电力装置设计规范》（GB 50058—92）和电气装置安装工程《爆炸和火灾危险环境电力装置施工及验收规范》（GB 50259—96）与原国标有较大差异。

(1) 级别比较（见表7－12）。

表 7－12　新旧国家标准级别比较

新国家标准	Ⅰ	ⅡA	ⅡB	ⅡC
原国家标准	1	2	3	4

注：Ⅰ为矿井甲烷气。

(2) 组别比较（见表 7－13）。

表 7－13　新旧国家标准组别比较

新国家标准	T1	T2	T3	T4	T5	T6
原国家标准	a	b	c	d	e	

(3) 防爆类型比较（见表 7－14）。

表 7－14　新旧国家标准防爆类型比较

新国家标准	d	e	i_a	i_b	p	o	s	q	n
原国家标准（工厂）	B	A	H		F	C	T	—	
原国家标准（矿用）	KB	KA	KH		KF	KC	KT	—	

如原国家标准中“B3d”转换为新国家标准即为“dⅡBT4”。另外原国家标准中永久性防爆标志为“B”或“KB”，而新国家标准用“Ex”表示。

五、爆炸危险区域的电气线路

1．通用要求

①（镀锌）钢管配线，导线耐压不少于 500V，0 区、1 区采用铜芯线（不能用铝芯），2 区尽可能采用铜芯。

② 最小截面积要求。导线允许载流量不少于 1.25 倍电气设备额定工作电流。具体要求见表 7－15。

表 7－15　爆炸危险区域导线最小截面要求　　单位：mm^2

项目	电力线路	控制线路	照明线路	备注
1 区	≥2.5	≥2.5	≥2.5	铜芯
2 区	≥1.5	≥1.5	≥1.5	铜芯
	≥4		≥2.5	铝芯

2．电缆线路

① 1 区、2 区应采用铠装电缆（防爆电缆）。

② 敷设方式。直接埋地：深度≥0.7m，沿路边或墙根敷设；电缆沟敷设：细砂充填电缆沟，排水通畅；电缆穿过承压路面，穿钢管保护。

③ 接头要求。1 区内严禁线路有中间接头，非正常情况下，必须在防爆接线盒或分线盒内连接和分线。

④ 跨区域。电缆穿过二个爆炸等级的区域时，必须用阻燃堵料密封孔洞。如导线埋

地（穿管）进入加油机，必须堵塞保护管与导线间的孔洞。

⑤ 室内敷设。处于爆炸危险区域内的电气线路，室内敷设时必须穿（镀锌）钢管保护，一般采用明敷形式，螺纹连接扣数≥6 扣。

要在适当处加装防爆挠性连接管（如电机进线口，加油机内导线）。

第五节　石油静电的危害及预防

多年来国内外石油工业的静电事故不断发生，造成了很大的经济损失和人身伤亡。有些事故，操作人员并未违反操作规程，所以较难查出事故的原因，致使人们对石油静电事故有一种神秘感。一些先进的国家，在接受事故教训后，加强了石油防静电的研究，取得了一些可喜成果，但石油静电事故并未能完全杜绝。在日本，火灾爆炸事故中约有 10% 属于静电事故。

我国石油工业近年来发展较快，伴随而来的静电事故也屡屡发生。近年来发生多起静电事故，主要原因是缺乏对石油静电知识的基本了解，以致操作和管理不够科学，存在较多事故隐患。

一、输油管道起电规律

油品在管道内流动时与管壁摩擦，油品中便产生了静电荷。油品因摩擦带电，其静电量大约与流速的平方成正比。由于油品的电导率小，绝缘性能好，因此它能够良好地保持静电能，且短时间内不能消散。产生的静电荷将随着油品的流动进入油罐或铁路、公路油罐车内。

管道内油品流速及其管径对油品静电起电的影响，见表 7－16 和表 7－17 所示。

表 7－16　油品流速对静电的影响

地点	油品名称	鹤管管径/mm	流速/（m/s）	静电位/V
抚顺	车用汽油	100	7.4	500
			2.9	250
	2 号航空煤油	80	12.6	13400
			5.24	9600
镇海	柴油	100	14.1	－11000
			8.7	－1700

表 7－17　输油管径对静电的影响

地　　点	油品名称	管径/mm	静电电位/V
北　　京	2 号航空煤油	200	16000
南　　京		150	12000
抚　　顺		80	9600

二、油罐中的静电

成品油在输转过程中，通过泵与管道送往各种油罐。油品在管道内输转，虽然有静电产生，但由于管道内充满油品而缺乏足够的空气，不具备爆炸起火的条件。如果把已带有电荷的油品装入油罐，则因电荷不能迅速泄掉而积聚起来，使油面具有一个较高电位。此时若油罐气相空间有浓度适宜的爆炸性气体混合物，那么就十分危险。所以，可以认为静电荷主要来自于管道输送系统，而静电荷积聚和引起火灾的危险则主要发生在可形成爆炸性混合气体的油罐或铁路和公路油罐车。

油罐内静电荷大部分产生于进罐前的输送系统，其余部分则是在装罐时新产生的。研究表明：油罐内静电荷的产生与装油方式有很大的关系。底部装油是合理的，上部装油容易产生静电。这是因为当油品从鹤管内高速喷出时，发生液体分离而产生电荷；油品冲击到罐壁造成喷溅飞沫时也会产生静电。

用蒸汽清洗油罐也会产生很高的静电电位，有很多事故是油罐清洗操作造成的。这种静电的起因是由于油和水混合所致。

国内外都有不少因油品相混而发生重大静电事故的事例。如辽宁某油库用管道向一油罐输送航空煤油，同时又开放另一条管道送油，后者管道内残存的油料也送入罐中，虽然输送流速仅2m/s多，但因静电荷积累过高酿成爆炸事故。

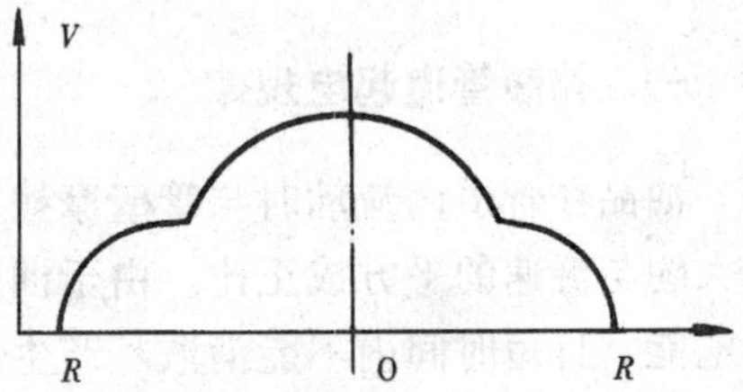

图 7－13　拱顶油罐静电电位分布图

油罐在装油过程中，油品电位的最大值有时发生在停止装油之后。从装油结束的时刻到最大电位值出现的时刻，称为延迟时间，其值通常为30s左右。装油结束80s之后静电位才开始明显下降。油罐内电位的分布如图 7－13 所示。

三、铁路、公路油罐车的静电

据统计，国内较大的石油储运静电事故中，铁路油罐车、公路油罐车事故占首位，其次是油罐事故。因此对油罐车的静电规律更应重视。

1．静电的产生

国内公路轻油罐车均为上部装卸，此方法将产生大量的电荷。国内油罐车装油系统为泵送和自流二种形式。泵送装油系统的静电荷从泵入口处就开始大量产生，在过滤器处达到高峰，然后进入罐车。自流装油系统进入过滤器的初始电荷量较小。

铁路油罐车装油使用大鹤管和小鹤管进行装油作业。小鹤管按铁路油罐车车位布置，平均 12m 左右设置 1 只，管径一般为 100mm；大鹤管一般设置二个鹤位集中装油，管径大于 100mm。小鹤管管径小，可多辆罐车同时装油，流速为 3.5～4m/s，但由于操作和工艺上的原因，满车顺序总有先后，即各车位油品流速不均，有的可达 6～8m/s，甚至高达 13m/s。装车时间约需 30～120min，这是小鹤管在操作时特别要注意的工况。对于大鹤管，由于口径大，流量大，5～8min 就可以装满两辆车，相对说其流速较高。大鹤管装车时罐车油面静电位较高。

上部装油除因喷溅产生静电荷外，还会促进油雾产生，使油气、空气混合物达到爆炸浓度范围。此外上部装油还会使油品局部电荷较为集中，容易产生放电。

汽车油罐车一般采用 $DN80$ 的小鹤管装油。$4m^3$ 油罐车装车时间约 8min。装车时应把鹤管伸入罐底，防止喷溅装油，从而减少产生新的静电荷。

2．油罐车内静电分析

① 油料的电导率较大时，车内各部分油料的电荷密度容易趋向均匀。同时因电荷有同性相斥的作用，油中的电荷有流向油面的趋势；又因液体表面张力，油面电荷较多。

② 采用鹤管装油，其管口末端形状对电荷密度及电位都有明显差异。实验表明以平口形式为佳。

③ 在装车的整个过程中，油面电位是随着液面上升而变化。最高电位出现在 1/2 至 3/4 容积处。

四、油轮静电

1．油轮静电的产生

油轮上引起静电的因素较多，油在管道内流动、油品通过过滤器、油从管口喷出、洗舱水和水蒸气的高速喷射、用压缩空气清除管道存油、用化纤碎布或丝绸抹擦舱壁、用尼龙绳系船等都能产生静电。

(1) 油舱未满，油或压舱水摇晃带电

油舱未装满，油或压舱水在航行中由于风浪，使油品在舱内摇晃而与船壁发生冲击带电。据统计，不少巨轮事故是由此产生的。为验证此项结果曾做如下试验：用 3000t 海水及 200t 原油注入船舱，使其深度为满舱的 30%，并让船体按 ±5%度横摇。经 16h 后测得空间电荷密度高达 $18 \times 10^{-12} C/m^3$。由此可见，必须把油品液面晃动看作与洗舱一样，是引起着火的重要因素。

(2) 用气体驱油起电

在装油后期经常用空气或惰性气体清扫管道，把管道内残油驱向油舱。这时，舱内的油也受到剧烈地搅动，并将下层的水顶到较高的位置。由于水和空气的扩散，水滴沉降将使油面电位上升形成高电位。

2．油轮静电的积聚和放电

油轮静电常在下列情况下积聚和放电：

① 连接在绝缘软管上的喷嘴、绝缘绳系着的采样筒、吊在舱内的未接地的洗舱机、穿着绝缘鞋的人体时都是被绝缘的导体。当这些绝缘导体接触带电的油、雾滴以及飞沫都会积聚电荷，变成高电位带电体。另外，在空间电场中也会产生感应电荷。

② 泵送发油。与铁路油罐车和油罐一样，当油品经管道注入油舱的同时也注入了电荷。

某油轮左右两个舱，合计装油 446t。汽油经 $\phi100$ 耐油橡胶软管和船上 $DN200$ 输油管，约以 121t/h 的速度注入，测得最高油面电位达 5000 余伏。某些油码头给油船装汽油，其注油速度有时高达 350t/h，装柴油时有时高达 600t/h。这就使得油面上积聚的电位将会很高，便很可能对梁、线棱或隔板等突出的部位以及对油中的浮游物发生火花放电。

③ 洗舱过程。如前所述，在洗舱过程中可长时间存在空间电荷，当油气混合浓度达

到爆炸范围之内时是极其危险的。这是因为：其一，带电云雾有可能向船体构件直接放电。这种放电虽然多半是电晕放电，一般不具有着火的足够能量，但在某些不均匀部位有可能引起放电引爆；其二，带电云雾中的绝缘导体可能向船体构件放电。例如，金属工具、零件及水等从舱顶坠落，通过带电云雾积聚电荷成为带电体，而舱内又存在各种突出物体，当上述带电体触及这些金属物体时，便很可能发生火花放电。

④ 油轮上绝缘软管放电。油轮上备用的各种绝缘软管也是积聚电荷的一个地方，油品与管壁摩擦而使绝缘管带电。曾有一艘内河油轮在快速装柴油时发现软管表面电晕放电。另有一艘轴轮用100mm（4in）尼龙管装甲苯，装完后卸下尼龙管放在甲板上。当用水冲洗甲板时，尼龙管放电起火。另外，尼龙缆绳与甲板摩擦也会产生静电，尼龙绳表面对船体结构物、绞车等也会发生静电放电。

五、过滤器起电规律

过滤器是石油库中必不可少的工艺设备。但是油品流过过滤器产生的静电荷比油品流过泵、管道时产生的静电荷还要多。油品通过过滤器时，与滤芯材质摩擦而产生静电。我国有专家曾对管道上安装过滤器对油品静电起电的影响作过专门研究。见表7－18所示。

表7－18　过滤器对静电的影响

油品名称	流速/（m/s）	过滤器	油面最高电位/V
车用汽油	4.67	无	2400
	5.20	有	9300
2号航空煤油	4.46	无	8500
	4.33	有	11000

为了减少或消除过滤器的起电量，对过滤器的制造和使用应考虑以下几个方面的因素：

① 不同物质其带电性质有所不同。某材料与油品接触时带正电，另一材料与油品接触带负电。使用时应选用由两种材料制成两层滤芯套在一起，使油品带上正、负电荷自行中和，从而达到消电效果。

② 在过滤器制造时，在滤芯后设置一个缓冲室，使油品在缓冲室内有一定的缓和时间，以利静电荷的消散。

③ 过滤器安装使用时，要求在过滤器后留有足够长的管道再接入油罐。

④ 在实践中发现滤芯使用时间过长，起电量可能增加且会改变极性。因此应及时对滤芯材料进行清洗或更换。

六、石油静电的预防技术

防止石油静电灾害的措施较多。比如：减少静电的产生；采取接地等有效措施导走或中和静电荷使其不能积聚；防止爆炸性气体混合物的形成等。因此对于防止石油静电灾害，不是完全消除静电荷，而是控制各项指标值不致引起灾害。

1. 控制流速

实验表明油品在管道中流动所产生的流动电流或电荷密度的饱和值与油品流速的二次方成正比。可见，控制油品流速是减少静电荷产生的一个有效措施。见表7－19。

2. 选择合适的静置时间

带电油品进入油罐后，由于油品的绝缘性能良好，静电荷消散很慢。只有经过一定的静置时间才能基本消散完。也就是说，当需要直接进行测量液位或油温作业时，应该待罐内静电荷基本消散完方可作业。

表7－19　油品流速限制一览表

作业方式	流速限制/（m/s）	工况条件
油罐作业	≤1	1. 油罐进出油管口浸没深度达到200mm以前 2. 油品中含水量1%～5%范围
	≤7	浸没深度大于200mm后，逐渐提高
铁路油罐车装油作业	5.7～3.2	底部装油，鹤管直径在 *DN*100～*D*N200 间
	7.0～4.0	顶部装油，鹤管直径在 *DN*100～*DN*200 间
汽车油罐车装油作业	5.1～2.7	底部装油，鹤管直径在 *DN*80～*DN*150 间
	6.2～3.3	顶部装油，鹤管直径在 *DN*80～*DN*150 间
油轮装卸作业	≤1	装油初速，浸没入口管后可逐渐提高
	≤9	*DN*100管，浸没入口管后
	≤7	*DN*150管，浸没入口管后
加油枪灌装	≤4.5	

油品的静置时间是依据油品的电导率和油罐容积来确定的，详见表7－20所示。成品油的电导率在 10^{-12}～10^{-8}s/m 之间。《石油库静电安全规程》（Q/SH 039—023—92）规定的静置时间就是表中数值。

表7－20　油品静置时间　　单位：min

油品电导率/（s/m）	油罐容积/m^3			
	<10	10～50	50～5000	>5000
$>10^{-8}$	1	1	1	2
10^{-12}～10^{-8}	2	3	10	30
10^{-14}～10^{-12}	4	5	60	120
$<10^{-14}$	10	15	120	240

3. 油罐和管道的可靠接地与跨接

静电接地是指将设备容器及管道通过金属导线和接地体与大地联通，形成等电位，并有最小电阻值。跨接是指将金属设备以及各管道之间用金属导线相连接，形成等电位。显然，接地与跨接的目的是在于人为地使设备与大地形成一个等电位体，不致因静电的电位差形成火花放电而引起灾害。管道跨接的另一个目的是当有杂散电流时，给它一个良好通路，以避免在断路处产生火花而造成事故。

静电接地电阻值的规定见表 7-21 所示。

表 7-21 静电接地电阻值

序号	电阻值/Ω	说明
1	≤100	单独接地
2	≤10	1. 易燃油品油罐与防雷接地合用
		2. 洞库油罐
3	≤30	输油管道，接地点设在管墩处

接地干线和接地体应选用镀锌材料，选材见表 7-22 所示。

表 7-22 接地干线和接地体选材 单位：mm

名称	地上		地下	备注
	室内	室外		
扁钢	25×4	40×4	40×4	镀锌材料
圆钢	ϕ8	ϕ10	ϕ16	
角钢			50×50×5	
钢管			*DN*50	

(1) 油罐接地

对于一般金属拱顶油罐，通过外壁良好接地即可。对于浮顶油罐或内浮顶油罐，除外壁接地外，尚需将浮顶与罐体、活动扶梯与罐顶进行跨接。跨接点不少于 2 处，使用截面积不少于 $25mm^2$ 的软铜绞线作电气连接。

金属油罐静电接地点按油罐周长计算，每 30m 接地一处，且不得小于 2 处；接地体与罐壁距离应大于 3m。

(2) 管道的接地与跨接

管道连着阀门、流量计、过滤器、泵和油罐等设备。输油管道的所有金属件（包括护套的金属包覆层）均应接地。管道两端和每隔 200~300m 接地一次。平行管道间距不足 10cm 时，每隔 20m 进行一次等电位连接。交叉管道间距小于 10cm 时，应进行等电位连接。

如仅仅作为防静电的连接导线，则使用截面积大于 $1.25mm^2$ 的铜线即可。对于在鹤管前部的活动套管之间应使用有足够机械强度的可绕绞线。一般使用不小于 $6mm^2$ 软铜绞线。

金属法兰连接处，可以不用跨接。

(3) 其它接地与跨接

汽车油罐车装卸时应与鹤管输油管道作可靠的电气连接并接地。

油轮作业时应与码头静电接地装置有两处以上的电气连接。

清洗油罐时，油罐应与机械通风设备，临时管道作可靠电气连接并接地。

4．投放抗静电添加剂

抗静电剂的作用不是“抗”静电，而是当加入微量的这种添加剂时，可以成倍地增加油品电导率，使其电荷得不到积聚（不影响油品质量）。如汽油、煤油、柴油等低电导率液体，其产主的静电荷积聚在液体内部。静电荷的泄漏与电导率有关。电导率高则泄漏速度快，当泄漏很快时，实际上就可以认为油品不带电了。

性能优良的石油抗静电添加剂应具备下列条件：加入微量的添加剂即能显著地提高燃料的电导率，并不影响石油产品的其它理化指数及使用性能；低温下油溶性能好，燃烧后灰分少；不产生有害气体；对皮肤无刺激性、无毒性；和其它添加剂同时使用性能无变化；长期稳定。

国产 T1501 抗静电添加剂对汽油、煤油、柴油均有明显的消静电效果。抗静电效果见表 7－23、表 7－24 所示。

表 7－23　汽车油罐车上消静电测试结果

大气温度/℃	相对湿度/%	油 品 名 称	电导率/(S/m)	流量/(L/min)	过滤器前电压/V	过滤器后电压/V	油面电压/V
33.5	33	2 号航空煤油	7×10^{-12}	1000	0	>3000	29000
34	33	航空煤油 + 0.5mg/LT1501	230×10^{-12}	1000	300	1550	－20
33	33	航空煤油 + 0.2mg/LT1501	112×10^{-12}	1000	225	2600	100

表 7－24　铁路油罐车上消静电测试结果

大气温度/℃	相对湿度/%	油 品 名 称	加油方式	电导率/(S/m)	油面电压/V
25	40	车用汽油	自流	2×10^{-12}	－20000
8	28	车用汽油 + 0.5mg/LT1501	自流	95×10^{-12}	－2500
9	38	车用汽油 + 1.0mg/LT1501	自流	520×10^{-12}	－500
4	33	车用汽油 + 1.0mg/LT1501	泵送		－700
1	68	0 号柴油	自流	90×10^{-14}	500
4	33	0 号柴油 + 1.0mg/LT1501			650

我国对抗静电剂的使用量一般为百万分之一质量。多次使用证明，国产各牌号的航空煤油只要加上1mg/L的抗静电剂，就可使导电率维持在140~210电导单位以上。加剂时，通常先将抗静电剂以数倍燃料油稀释，调配成母液，然后视调合罐容积再进行充分循环。停泵半小时后用电导率仪表测定，当各部位电导率值完全相同时［可调至（50~300）$\times 10^{-12}$S/m］，油品即已调合均匀。

抗静电剂加入方法有以下几种：

① 在油品调合时，通过比例泵加入；

② 在循环泵入口处，经过抗静电剂储罐吸入已计量好的抗静电剂；

③ 在输油管线安装孔板流量计，通过恒定差压流量控制器按比例加入。

七、石油静电的其它预防技术

1．控制油面空间的混合气体

（1）充惰性气体

在可能形成爆炸性气体混合物的空间充以惰性气体（如 N_2），使该空间的气体达不到爆炸气体浓度范围。其使用方法有全部惰性化和局部惰性化；密封隔离式和置换稀释式之分。密闭隔离式可以切断空气（氧），并可防止和抑制可燃性气体的形成；置换稀释式是稀释可燃性气体和空气（氧），把可燃性气体和空气（氧）的混合浓度抑制在爆炸极限以下，以致于即使有火源也不可能引燃。

充惰性气体的方法是防止形成爆炸性气体混合物。充填惰性气体后，只要保证氧气所占体积小于7%，生产操作就不受许多条件限制，并可大大提高效率。

（2）采用浮顶式油罐

浮顶油罐和内浮顶油罐不仅减少了油品蒸发损耗，减少大气污染，还可防止油品静电电荷的聚集。

浮顶油罐液面上的浮盘，随液面的高低而升降，使油罐气相空间极小，不易形成爆炸性气体混合物。同时，由于浮盘与活动扶梯、罐壁间完好的电气连接，可以把油品所带的大量静电荷快速导走，避免静电荷的大量聚集。

2．避免水、空气和油品相混

当油中含水或不同油品相混并通入压缩空气时，静电的发生量将大大增加。实验表明，油中含水5%时，会使起电效应增大10~50倍。另外，油品通风调合是十分危险的。某炼厂一个5000m^3油罐，罐内先装有40t航空煤油，之后装柴油并进风调合，在进风只一分多钟时便发生了爆炸。因此，油品调合时必须采取相应的安全措施。

3．消静电器

消静电器是直接消除油品内流动电荷的器件。它安装在管道的末端，不断地向管中注入与油品电荷极性相反的电荷而达到中和的目的。虽然接地是防静电的有效措施，但接地只能将金属外壳壁上的静电导走。由于油品属低电导率液体，油品内电荷的泄漏需要一定时间，这样大量电荷必然进入油罐造成积聚或瞬间放电，因此需要控制进入油罐的静电荷量，采用消静电器是较理想的措施。从电荷注入方式上分，消静电器可分为外电注入式和感应注入式两种，使用较多的是管道感应注入式消静电器，称为消静电管。如图7-14所示。

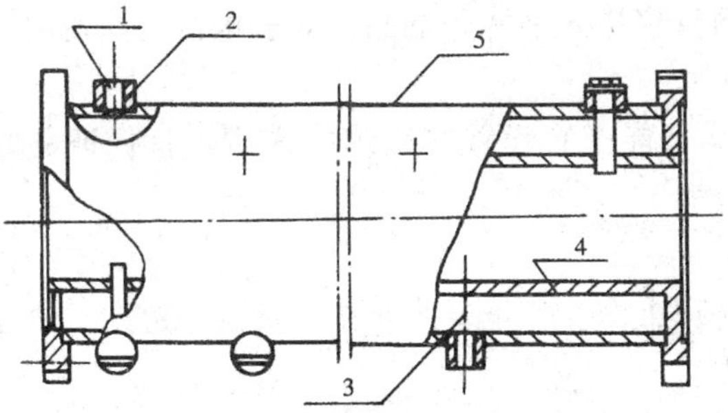

图 7-14　消静电管结构
1—放气塞；2—密封垫；3—放电针；
4—绝缘筒；5—壳体

消静电管的消电原理是建立在尖端放电的基础上。当带电油品进入消静电器绝缘管后，对地电容变小，使内部电位增高，这样在介质管内壁形成一个畸形强电场区。由于静电感应作用，接地的金属外壳感应出与油品电荷极性相反的电荷，并在集流放电针积聚。在高电位、强电场及油流湍流的作用下，积聚在放电针上的反极性电荷通过针尖注入到油品中，使部分油品电离而发生电的中和作用，达到消除部分电荷的效果。

消静电管一般长 1m 左右，适用管道直径为 50～200mm，适用温度为 -50～50℃，由于消静电管出口电荷密度较稳定，因此消静电器的安装位置应离油品出口处越近越好，最长不应超出 10m，以防静电重新产生。由于过滤器、泵、流量计均是重要的静电产生源，所以应将消静电器装在这些设施后的管段，立式、卧式安装均可。据试验表明：消静电器能有效地降低油面电位和管道出口电荷密度，一般能使油罐车装油的油面电位由 50kV 降至 1～2kV。消静电器的进口电位越高，进口电荷密度越高，消电能力越好。消静电器的出口电荷密度基本上都在国际公认的安全范围 $30\times10^{-12}C/m^3$ 以内。

消静电器在使用过程中，因沉积物会对绝缘层的绝缘程度有所破坏，消电效率会随内壁沉积物的增加而有所下降，最好每隔半年至一年清洗一次内壁。清洗时，先拆卸集流放电针，然后用棉纱沾上干净的洗涤液除去内壁上的附着物，重新装上放电针。装放电针时务使针尖对准内管针孔，防止针尖折断。为保证消静电器的工作可靠，使出口电荷密度在 $30\times10^{-12}C/m^3$ 以下，管道内油品流量应不大于 $2.5m^3/min$，并保证管体接地可靠，接地电阻值不大于 10Ω。

4. 静电缓和器

静电缓和器也称张驰器、散驰器，是一种结构简单且消电效果较好的装置。

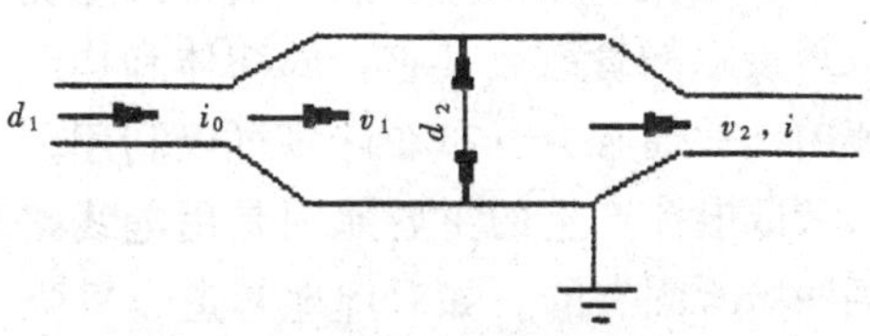

图 7-15　静电缓和器结构示意图

缓和器的结构原理如图 7-15 所示。当带电的油品在进入油罐之前先进入该装置内“缓和”一段时间，使大部分电荷在这段时间内逸出。假如带电油品在管道 d_1 内以 v_1 速度流动，流动电流为 i_0，进入管道 d_2 后，因为 $d_2>d_1$，因此 $v_2<v_1$，所以带电油品在 d_2 内就有一个松驰时间。如 d_2 管长为 $2\sim3\tau v_2$，也就是说油流在 d_2 内停留 $2\sim3\tau$ 的时间，那么无论 d_1 内 i_0 为多大，从 d_2 内流出的电流只能是与 d_2、v_2 相对应的饱和电流 i，大部分电荷在 $2\sim3\tau$ 时间内趋向管壁，流向大地，从而大大减少了进入油罐的电荷，起到了静电缓和作用。

缓和器虽然结构简单，效率较高，但需占用一定的地方和空间。生产中可以与某些设备结合起来设计。如在过滤器的尾部加大空间，使之变成过滤器-缓和器结合体；或者在加油系统中将所需要的容积分成几个单元容积串联在系统中；也可利用罐体本身加以改进，达到缓和器的目的。

对于通过过滤器或短管道以及绝缘材料管道进入油罐的油品，其静电的消除使用缓和器是适宜的。

使用缓和器要求各处都要充满油，并尽可能把它设置在系统的末端，且保证良好接地，同时还要顾及维修和清洗的方便。

5. 加强组织管理

控制和防止静电灾害，必须加强组织管理工作。一是要使操作人员有一定的石油静电知识；二是要有完整的管理制度和操作规程。

(1) 建立静电安全管理体制

如建立石油静电安全操作规范；石油静电测试方法标准；建立用于检测、取样及衣、鞋等器具标准。

(2) 测定现场安全状况

如在现场安装可燃气体测爆和报警装置；确定静电危险源场所，测定接地电阻值。

(3) 加强防静电的研究与教育

定期举办普及防静电知识技术讲座，增强防静电意识。

(4) 加强人身静电的预防

人体在行走、穿脱衣服或从坐椅上起立时都会产生静电，这也是一种危险的火源，其能量足以引燃（爆）爆炸性气体混合物。为确保进入轻油泵房或液化气站等具有较大浓度爆炸性气体混合物场所操作人员的人身安全，操作人员必须严格按规定穿着特制的导电衣物。如防静电工作服、防静电鞋等。

第六节　杂散电流危害及防护

一、杂散电流的形式及危害

杂散电流是指任何不按有规则的电流通道流动的电流。它流经的通路可能是大地或是与大地接触的管道或其它金属物体和构筑物。杂散电流可以是连续的或间断的，直流的或交流的，并通常会分布在许多可以利用的并联线路上，其分布量与各线路的电阻成反比。

杂散电流产生的主要原因是用电线路漏电所致，可以是偶然的，或是人为的，也可以是某些场所固有的。如对埋地管道设置强制阴极保护系统，引起的杂散电流就是人为的。而电力机车铁路线同石油库铁路专用线未采取绝缘隔离措施时，由于电场、磁场、地电场的影响，对石油库的铁路线、管道等感应产生干扰电压，形成的杂散电流应是非人为的。由电力系统杂散电流引起的电流和电位都没有确定的界限。虽然电位超过两个固定极间的空气间隙所需要的电位可能性极少，但短暂的接通和断开电路会引起放电，或者电位超过安全电压的地方产生持续的电弧是非常危险的。

杂散电流的另一个起源是由于金属与土壤的接触产生电化常腐蚀。腐蚀电流会沿着地下管道，从一类土壤的接触点流到另一类不同土壤的接触点。由电化学腐蚀产生的电位须严格限制并且在任何情况下不得超过 1.5V，否则电路中断时，虽然有中断点冷却效应作用，也有可能产生引燃火花。

杂散电流引起的事故在石油库事故中比例很小。如某石油库铁路专用线与相邻的仓库共用，仓库利用铁路线作地线进行电焊作业，而石油库正在卸油。因为相距较远，相互均不知道对方的情况。当石油库作业里，卸油鹤管插入铁路油罐车口，碰到铁路油罐车口边缘，当即产生火花，将铁路油罐车内的汽油点燃。

杂散电流的存在能引起火灾爆炸事故，还能加速石油库设备的电化学腐蚀速度，造成设备腐蚀穿孔漏油事故。因此杂散电流的危害也是不容忽视的。

二、杂散电流的防护措施

杂散电流的存在并没有明显的迹象，故很难测出杂散电流的存在以及它们的方向和大小来进行防护。通常作法是在比较容易出现杂散电流的场地和有易燃混合气体存在的那些点上，采取某些预防性措施。

1．管道

输送易燃油品的管道带有较大杂散电流时，是非常危险的。杂散电流可能在管道的隔断点或分叉的地方产生电弧火花，并引燃爆炸性混合气体混合物。这样，一方面要在管道的始末端或杂散电流可能流入的管段设置绝缘法兰；另一方面要加强对管道的检测，发现管道上有杂散电流存在时，应及时采取措施。其方法主要是在管道隔断处或交叉处装设跨接导线采取等电位措施，以防止杂散电流因电位不同产生火花放电。跨接线必须用不小于$16mm^2$铜线或不小于25 mm×4 mm规格的扁钢，不准使用铝导线，必须保证以接触电阻最小的方式连接在管道上。

2．铁路专用线

位于岔道上的油罐车装卸时使用的管道，由于杂散电流侵入，可能与铁轨间存在电位差。于是杂散电流可能在管道中或轨道上流动。对一些油罐车的连接处在断开时可能产生的杂散电流所引起的电弧，常用的防护方法是将两条铁轨与装卸管道用跨线连接起来。这种跨线可作为一种永久性电气连接。如果有特大杂散电流存在时，应在输油管道跨接点以下，地面以上加设绝缘法兰，以防杂散电流流向油罐车。

石油库铁路专用线是与铁路主干线用岔道相接的，它可能与其它仓库或货栈专用线共用，铁路干线可能设有轨道电路信号系统，也可能与电气化铁路轨道相连，铁轨检修作业时干线将带电，所以应在岔道与专用线的连接处设置专用的绝缘连接器，通常称绝缘鱼纹板，以便使专用线与外部铁路干线达到相互绝缘的目的，防止杂散电流流入石油库作业区。在装卸油作业时，绝缘装置不得被路轨配件所跨接。对电气化铁路，还应考虑在两绝缘轨缝后，作强排流接地。

主要参考资料

1．何国根．油库安全技术与管理．浙江大学出版社，1992
2．贺明等．油库阀门使用指南．湖南大学出版社，1989
3．王潘瑜．炼厂机器．石油工业出版社，1981
4．肖开梓．炼厂机器安装修理．石油工业出版社，1981
5．田士良．炼厂油品储运技术与管理，中国石化出版社，1995
6．湛卢炳等．大型贮罐设计．上海科学出版社，1986
7．中国石油天然气总公司．石油安全工程．石油工业出版社，1991
8．王训钜．常压堵漏技术．中国石化出版社，1992
9．编写组．最新电工常用数据手册．江苏科技出版社，1997
10．叶忠贵等．石油电工安全技术．石油工业出版社，1988
11．王式敦：石油库设备安装与维护．黑龙江科技出版社，1990
12．油气储运，中国石油天然气总公司，1984~1999
13．石油商技，中国石化销售公司，1986~1999
14．中国石化销售公司．油品储运工工艺学．黑龙江科技出版社，1992
15．潘家华．圆柱形金属油罐设计．石油工业出版社，1984
16．王丰．油库设备管理与维护．中国石化出版社，1998
17．于贤福．油库技术管理．中国石化出版社，1999
18．陈允仁等．油气储运建设工程手册．中国建筑工业出版社，1999